BAHNERLEBNIS DDR

GONDROM

Genehmigte Lizenzausgabe für Gondrom Verlag GmbH & Co. KG, Bindlach 1990
Wir danken besonders Herrn Diplom-Journalist Hans-Joachim Kirsche, Berlin, für die Bildauswahl aus seinem Archiv sowie für seine redaktionelle Betreuung dieses Bandes.
Unser Dank gilt auch dem Drucksachenverlag der Deutschen Reichsbahn für die Zurverfügungstellung der Kartographie (Redaktionsschluß Dezember 1987).
Druck: ZUMBRINK DRUCK GmbH, Bad Salzuflen
ISBN 3-8112-0707-5

INHALTSVERZEICHNIS

KURSBUCHSTRECKEN 100–194

BERLIN, Hauptstadt der DDR, SCHORFHEIDE, MÄRKISCHE SCHWEIZ und ODERBRUCH

Bahnbetriebswerke: Berlin Hauptbahnhof, Berlin-Pankow, Berlin-Schöneweide, Frankfurt (Oder), Jütebog, Wustermark, Seddin

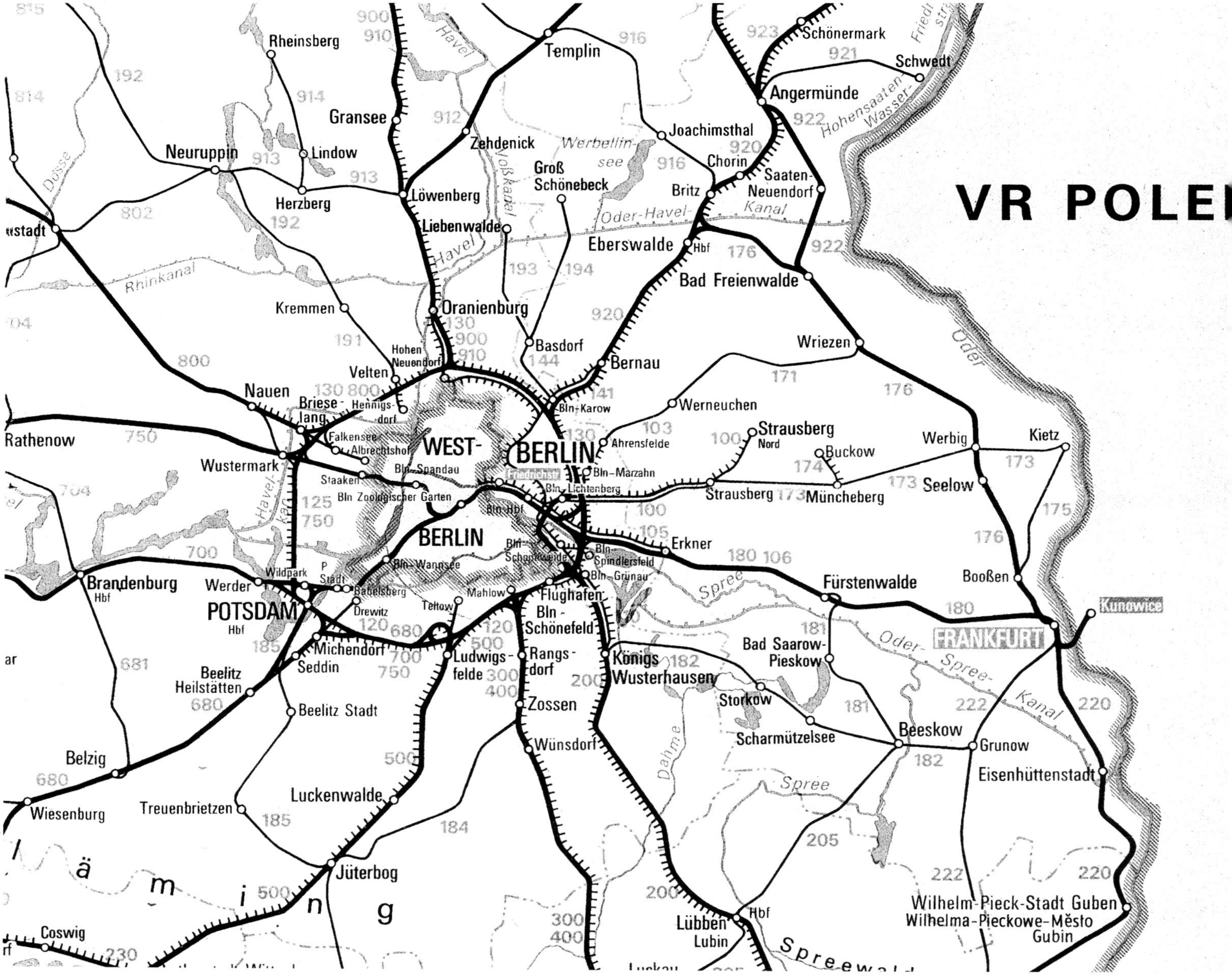

BERLIN, Hauptstadt der DDR, SCHORFHEIDE, MÄRKISCHE SCHWEIZ und ODERBRUCH

Bei einer Fahrt mit der Eisenbahn nach oder von Berlin sieht der Eisenbahnfreund bzw. Reisende sehr auffällig die enormen Ausdehnungen des Streckennetzes in und um Berlin, was die Stadt als größten Eisenbahnknoten Mitteleuropas kennzeichnet. Die Streckendichte erreicht hier einen Wert von 1 km/km^2 (im Vergleich: die durchschnittliche Streckendichte der DDR – sie hat das dichteste Streckennetz aller europäischen Länder – beträgt 0,3 km/km^2). Den Charakter des Streckennetzes in und um Berlin bestimmen die aus allen Richtungen radial auf Berlin zulaufenden 11 Hauptbahnstrecken und 3 Nebenbahnstrecken, der Berliner Außenring (in den alle diese Strecken einmünden), die in West-Ost-Richtung durch die Stadtgebiete von Berlin (West) und Berlin, Hauptstadt der DDR, verlaufende Fernbahnstrecke (grenzüberschreitender internationaler Reiseverkehr) und das Netz der elektrisch mit 750 V Gleichstrom betriebenen Berliner S-Bahn. Die Betriebsführung auf den in Berlin (West) liegenden Strecken obliegt der Deutschen Reichsbahn der DDR, während die Betriebsführung auf den S-Bahn-Strecken in Berlin (West) von der Berliner Verkehrs-Gesellschaft (BVG) wahrgenommen wird.

Von größter Bedeutung für die betriebliche Abwicklung des Eisenbahnverkehrs im Knoten Berlin ist der durchgehend zweigleisig (z. T. schon viergleisig) ausgebaute, elektrifizierte, exakt 126,77 km lange *Berliner Außenring*. Er ist gekennzeichnet durch seine Ausrüstung mit moderner Sicherungstechnik (automatischer Streckenblock, punktförmige Zugbeeinflussung, Zugfunk) und seine großzügige Gestaltung (große Gleisbogenradien, geringe Neigungen, kaum niveaugleiche Wegübergänge, zahlreiche Betriebskreuze mit vielen Über- und Unterführungen – z. B. Grünauer Kreuz, Biesdorfer Kreuz, Karower Kreuz).

Das Streckennetz der *Berliner S-Bahn* ist so angelegt und nach 1945 so ausgebaut worden, daß die S-Bahn als wichtigstes städtisches Nahverkehrsmittel ihrer Hauptaufgabe, dem Berufs- und Schülerverkehr, gerecht wird und darüber hinaus den Vorortverkehr, vor allem an den Wochenenden den Naherholungsverkehr, den Touristenverkehr und den innerstädtischen Verkehr zwischen den Fernbahnhöfen abwickelt. Im Durchschnitt werden täglich von der Berliner S-Bahn 700 000 Reisende befördert, an Sonn- und Feiertagen sowie bei besonderen Großveranstaltungen in der DDR-Hauptstadt oft das 1,5- bis 2fache. Täglich werden etwa 1770 S-Bahn-Züge gefahren, die eine Gesamtlauflänge von etwa 35 000 km je Tag erreichen. Die durchschnittliche Reisegeschwindigkeit beträgt 37,2 km/h.

Berlin verfügt über fünf große Fernbahnhöfe: Berlin Hauptbahnhof, Berlin-Lichtenberg, Berlin-Schöneweide. Flughafen Berlin-Schönefeld und Berlin Friedrichstraße.

Während der *Bf Berlin Friedrichstraße* nur dem grenzüberschreitenden internationalen Reiseverkehr dient, haben die vier anderen großen Fernbahnhöfe unterschiedliche Funktionen:

Der *Bf Berlin Hauptbahnhof* ist Anfangs-, End- bzw. Durchgangsbahnhof vorrangig für den internationalen Reiseverkehr in Nord-Süd- und Ost-West-Richtung.

Der *Bf Berlin-Lichtenberg* ist der am stärksten von Reisenden frequentierte und von der Anzahl der Reisezüge her betrieblich und verkehrlich bedeutendste Personenbahnhof Berlins sowohl für den internationalen als auch für den Binnenreiseverkehr.

Der *Bf Berlin-Schöneweide* dient ausschließlich dem Binnenreiseverkehr, zumeist als Anfangs- bzw. Endbahnhof von Reisezügen.

Der *Bf Flughafen Berlin-Schönefeld* – am Berliner Außenring gelegen – ist vorwiegend Umsteigebahnhof für Reisende zwischen Fern- und S-Bahn und entlastet damit die im Stadtgebiet liegenden Berliner Fernbahnhöfe.

Alle diese Fernbahnhöfe sind zugleich Umsteigebahnhöfe zur elektrisch betriebenen Berliner S-Bahn.

Große *Abstellbahnhöfe* für Reisezüge sind Berlin-Rummelsburg, Berlin-Lichtenberg und Berlin-Schöneweide.

Große *Rangierbahnhöfe* in Berlin sind Berlin-Wuhlheide, Berlin-Pankow, Berlin-Schöneweide und Berlin Nordost.

Der Großcontainerumschlagplatz Berlin Frankfurter Allee ist der größte Containerbahnhof in der DDR.

Weitere wichtige Eisenbahnstrecken um Berlin sind die Abschnitte Berlin – Frankfurt (Oder) als Teil der internationale
Fernverbindung Paris – Berlin – Moskwa und Berlin – Kietz für den grenzüberschreitenden Güterverkehr.
Von Bedeutung für den Ausflugsverkehr sind 2 Nebenbahnen in der unmittelbaren Umgebung Berlins: die in das Gebie der Schorfheide nördlich Berlins führende, auch als »Heidekrautbahn« bezeichnete Strecke Berlin – Basdorf – Lieben walde/Groß Schönebeck und die in die wald- und seenreiche Märkische Schweiz östlich Berlins führende, elektrisc betriebene Bahn von Müncheberg (Mark) nach Buckow (Märkische Schweiz).
Größte Eisenbahnbrücke in der Nähe Berlins ist die im Verlauf des Berliner Außenrings liegende, 140 m lange Brücke in Templiner See in unmittelbarer Nähe des Bahnhofs Potsdam Hbf, die an einen 1250 m langen Damm durch diesen Se anschließt.
Durch seine zentrale Lage in Europa spielt der Eisenbahnknoten Berlin im internationalen Eisenbahnverkehr ein wichtige Rolle. Die meisten der internationalen Reisezugverbindungen in West-, Ost- bzw. in Nord-Süd-Richtung durc Europa führen über Berlin. So sind die Hauptstädte von 15 europäischen Ländern von Berlin aus mit direkten Zügen bzw mit Kurswagen zu erreichen, und zwar Warszawa, Moskwa, Praha, Wien, Budapest, Bucuresti, Beograd, Sofia, Bern Paris, Bruxelles, London, København, Oslo und Stockholm. Ferner ist Berlin (West) Bahnhof Zoologischer Garten mi wichtigen Städten in der Bundesrepublik Deutschland durch direkte Züge bzw. Kurswagenläufe der DR verbunden z. B. Hamburg, Kiel, Bremen, Westerland (Sylt), Hannover, Aachen, Köln, Kassel, Frankfurt (Main), Karlsruhe, Saar brücken, Heidelberg, Stuttgart, Konstanz, Nürnberg, München, Norddeich und Oberstdorf.
Im internationalen Eisenbahngüterverkehr hat der südwestlich von Berlin gelegene Rangierbahnhof Seddin erstran gige Bedeutung. 20 Prozent aller in Europa verkehrenden internationalen Schnellgüterzüge (TEEM) berühren de Bahnhof Seddin und stellen schnelle Verbindungen zwischen den Ländern Skandinaviens und den Ländern Süd- un Südosteuropas her. Hinzu kommen noch 120 Durchgangseilgüterzüge, die speziell dem Transitverkehr vorbehalte sind.

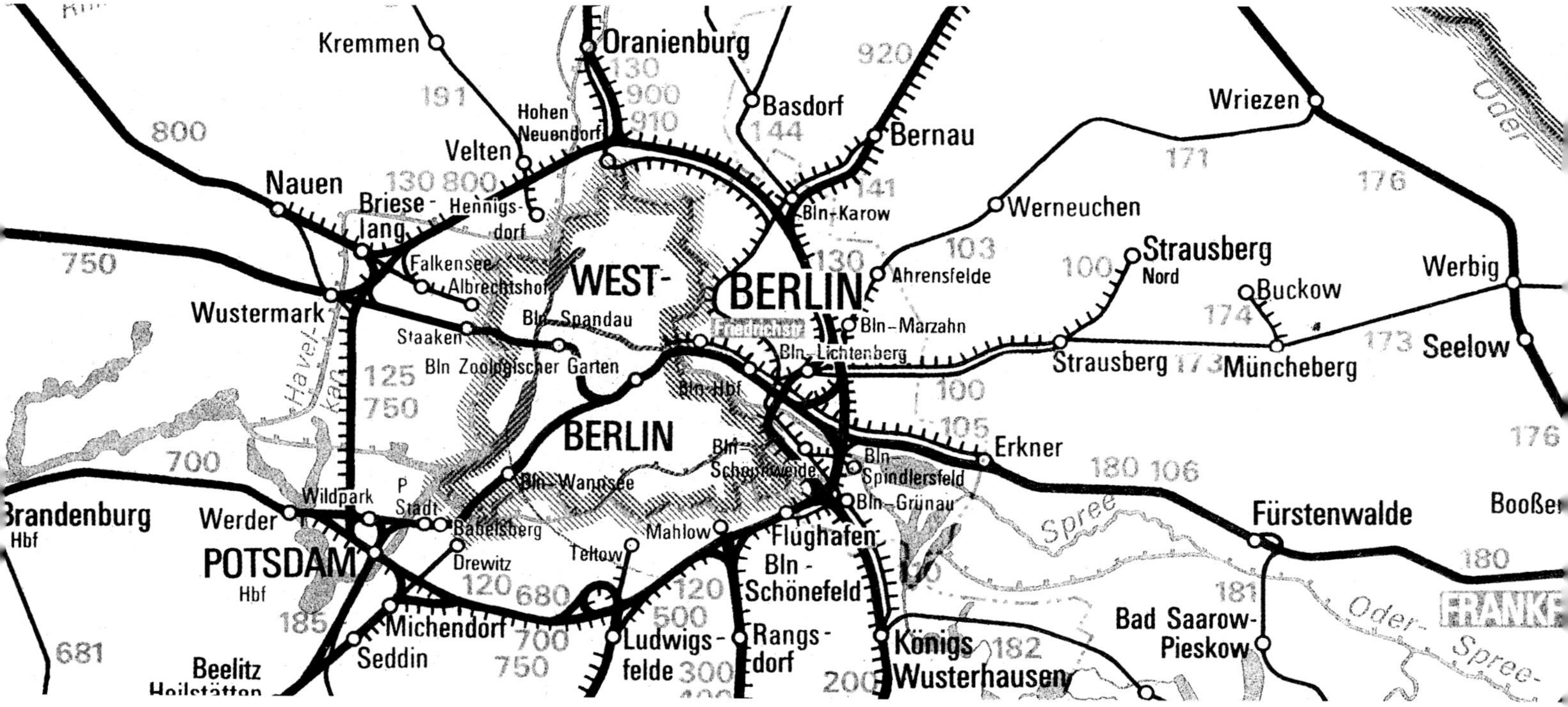

(1)

Das neue Empfangsgebäude des seit dem 15. Dezember 1987 umbenannten Berliner Hauptbahnhofs (bis dahin Berlin Ostbahnhof, zuvor Schlesischer Bahnhof). Die Abfertigungs- und Serviceeinrichtungen sind in drei Etagen untergebracht; dem Empfangsgebäude vorgelagert ist ein doppelstöckiges Parkdeck. Die Bogenarchitektur in Ziegelbauweise ist der früheren Architektur der Fenster nachgestaltet. Aufnahme vom Juni 1988.

(2)

Abfahrsignal Zp 9a von der Aufsicht auf Bahnsteig B des Berliner Ostbahnhofs für den Expreßtriebwagen Berlin – Leipzig, der als Schnelltriebwagen »Bauart Görlitz« im Jahre 1979 diese Route befuhr.

(3)

7.10 Uhr – Frühspitze des Berufsverkehrs bei der Berliner S-Bahn im Bahnhof Berlin Ostbahnhof, aufgenommen ▷ im Juli 1973. Täglich befördert die Berliner S-Bahn in der Hauptstadt der DDR etwa 750000 Reisende.

BERLIN OSTBAHNHOF
ZU DEN FERNZÜGEN
S-BAHN RICHTUNG O
D
L 14
Lichtenberg
W 3

14

(5)
Triebwagenzug der neuen Baureihe 270 für die Berliner S-Bahn aus der Produktion des Kombinats VEB Lokomotivbau-Elektrotechnische Werke »Hans Beimler« Hennigsdorf. Zug fährt in Richtung Berlin-Grünau. Aufgenommen im Juli 1987 auf dem Betriebsbahnhof Berlin-Schöneweide.

(4)
◁ Nächtliches Lichterspiel an der Kamera vorbeiziehender S-Bahn-Züge auf dem S-Bahnhof Jannowitzbrücke, im Hintergrund der Fernsehturm am Alexanderplatz, aufgenommen im Juni 1984 mit einer Belichtungszeit von 2 Minuten 20 Sekunden.

(6)

Parade der 65er im Bahnbetriebswerk Berlin-Lichtenberg im Jahre 1968 mit den Maschinen 65 1041, 65 1035 und 65 1003, leichte Rauchwolken aus dem Schornstein vor sich hinsäuselnd. Ihre Einsatzgebiete waren vor allem die schnellen Berufsverkehrszüge mit Doppelstockzügen von Berlin in die Randgebiete und umgekehrt, besonders auf den Strecken in Richtung Werder (Havel), Falkenhagen, Kietz u.a.

(7)

Lokporträt en face von einer 52 im Bahnbetriebswerk Berlin-Lichtenberg, aufgenommen im Jahre 1968. Vom Einsatz zurück, stehen die notwendigen Wartungs- und Pflegemaßnahmen sowie das Ergänzen der Vorräte an. ▷

52 8065

23 1062

9)

)ie derzeit schnellste Dampflokomotive der Welt, die 18 201 der Deutschen Reichsbahn, gehört zu den DR-Museums-okomotiven. Auf dem Foto allerdings, aufgenommen 1968 im Bahnbetriebswerk Berlin-Lichtenberg, stand sie noch im egulären Dienst, über dem Zylinder an der Verkleidung trägt sie das Schild der Versuchs- und Entwicklungsstelle Maschinenwirtschaft der Deutschen Reichsbahn (VES-M), der sie seinerzeit unterstand.

8)

◁ Die Neubau-Dampflokomotiven der Baureihe 23, von 1958 bis 1959 in einer Serie von 113 Maschinen vom seiner-zeitigen VEB Lokomotivbau »Karl Marx« Babelsberg für die DR gebaut, bewährten sich als äußerst erfolgreiche Konstruktion über etwa 15 Jahre als »Mädchen für alles«, als das sich auch die P 8 gezeigt hatte. Im Mai 1968 im Bahn-betriebswerk Berlin-Lichtenberg abgelichtet, wartet die 23 1062 auf ihren nächsten Einsatz.

(10)

Im Containerbahnhof Berlin Frankfurter Allee: Während die 132 525-7 auf Ausfahrt mit ihrem Containerzug wartet, muß sie der 03 2254-5 den Vortritt lassen, die mit ihrem Personenzug den Containerbahnhof in Richtung Berlin-Lichtenberg passiert. Aufgenommen im Juli 1978.

11)

Ein Bahnhof voller Kisten – Containerbahnhof Berlin Frankfurter Allee, Mai 1986. Mit 28000 m^2 Fläche ist er der größte und zugleich leistungsstärkste Großcontainerumschlagplatz in der DDR, ausgestattet mit drei Portalkranen. Binnen 24 Stunden wechseln bis zu 400 Container zwischen Containertragwagen und Straßenzustellfahrzeug bzw. umgekehrt.

(12)

Nagelneue Doppelstock-Einzelwagen aus der Produktion des VEB Waggonbau Görlitz kamen im Vorortverkehr Berlin im Jahre 1986 zum Einsatz. Die in beige-rot lackierten Wagen tragen an der Längsseite das Flügelrad-Symbol. Der vo einer elektrischen Lokomotive der Baureihe 211 beförderte Zug Werder (Havel) – Berlin passiert das Waldgebiet de Berliner Wuhlheide.

(13)

Städteexpreß Ex 157 »Rennsteig« von Berlin über Halle (Saale) – Erfurt nach Meiningen, geführt von der elektrischen Lokomotive 243 129-4, auf dem südlichen Abschnitt des Berliner Außenringes kurz vor Einfahrt in de Bahnhof Flughafen Berlin-Schönefeld. Begegnung mit einem Kesselwagenganzzug in Richtung Werkbahnhof Stende des Petrolchemischen Kombinats Schwedt. Aufnahme Juli 1986. ▷

243 129-4

(14)

In Richtung Leipzig unterwegs der »Karlex« im Jahre 1978. Hilfreicher Partner für die Deutsche Reichsbahn bei der Elektrifizierungsarbeiten ist die DDR-Fluggesellschaft INTERFLUG mit ihren Hubschraubern vom Typ Mi-8, die be Aufrechterhaltung des Eisenbahnbetriebes Fahrleitungsmaste setzen, Quertragwerke einfliegen, bei der Montage des Fahrdrahtes und der Speiseleitungen helfen.

15)

Die 4,0 Kilometer lange Strecke von Müncheberg (Mark) nach Buckow (Märkische Schweiz) führt durch ein malerisches Hügel- und Seengebiet im Osten von Berlin. Seit 1930 besteht auf der Bahn elektrischer Betrieb. Aufnahme vom Mai 1985.

172 610-8

(17)
Unendlich lang und breit erstreckt sich das Gelände des Rangierbahnhofs Seddin: »Drehscheibe« für den Transitverkehr über das Netz der DR. Zahlreiche internationale Schnellgüterzüge TEEM berühren ihn in ihrem Lauf von Südeuropa nach Nordeuropa bzw. umgekehrt, aber auch von Ost nach West. Aufgenommen im Juli 1987.

(16)
◁ Auf vielen Nebenbahnstrecken der Deutschen Reichsbahn anzutreffen, die Leichtverbrennungstriebwagen der »Bauart Bautzen«, wie hier auf dem Bahnhof Bergholz (bei Potsdam) stehen sie im Zubringerdienst für die Hauptbahnstrecken. Aufnahme im Juni 1987.

JU

19)

ärchenbetrieb – mit 100 km/h durch den Bahnhof Jüterbog jagen die beiden gekuppelten Triebwagenzüge der Bau-
eihe 175 »Bauart Görlitz« in Richtung Leipzig, Mai 1980. Viele Jahre stellten diese Schnelltriebwagen komfortable
erbindungen zwischen Berlin und Wien über Prag, nach Gedser, Malmö, Karlovy Vary und zuletzt nach Leipzig und
autzen her.

18)

◁ Bahnhof Jüterborg. Der D 367 »Karlex« von Berlin über Leipzig nach Karlovy Vary passiert mit 100 km/h den Bahnhof.
ufnahme vom Mai 1980.

(20)

Abzweig Fko bei Frankfurt (Oder). Zwei 52er in Doppeltraktion: die 52 8024-3 und die 52 8155-5, beide mit Wannentender gekuppelt, mit einem Lgo in Richtung Frankfurt (Oder). Aufnahme vom Oktober 1980.

KURSBUCHSTRECKEN 200–252

COTTBUS, SPREEWALD, NIEDERLAUSITZ, OBERLAUSITZ, LAUSITZER GEBIRGE, ZITTAUER GEBIRGE

Bahnbetriebswerke: Cottbus, Bautzen, Falkenberg (Elster), Görlitz, Hoyerswerda, Kamenz (Sachsen), Senftenberg, Zittau

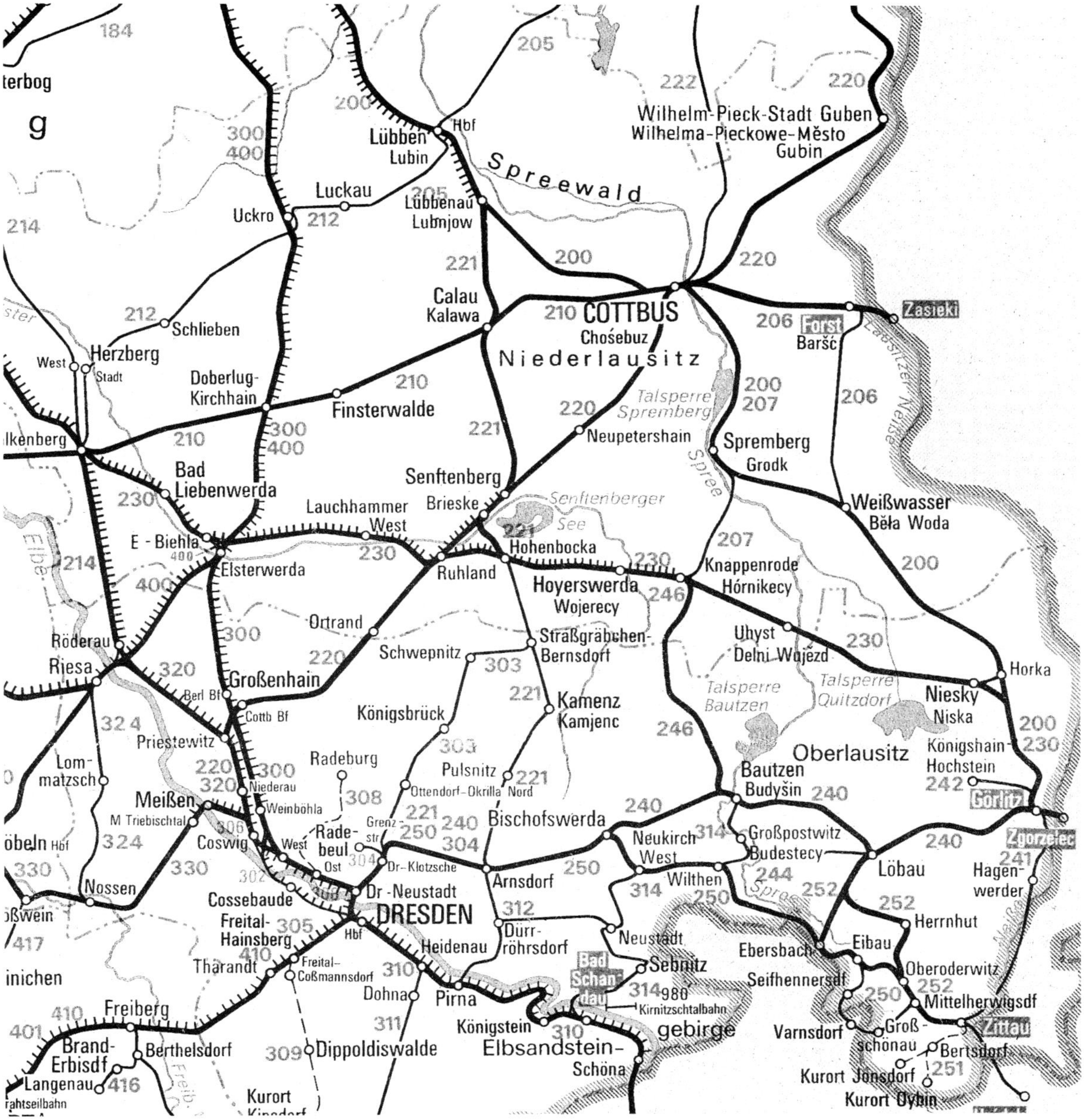

COTTBUS, SPREEWALD, NIEDERLAUSITZ, OBERLAUSITZ, LAUSITZER GEBIRGE, ZITTAUER GEBIRGE

Gleich, ob man per Eisenbahn von Berlin oder von Leipzig aus in die Bezirksstadt Cottbus fährt, zwei Charakteristika fallen einem sofort auf: rechts und links der Strecke zum einen ausgedehnte landwirtschaftlich bearbeitete Flächen unc zum anderen in Gruppen zusammenstehende hohe Schornsteine sowie riesige Stahlgittermaste mit sich erst weit ir der Ferne verlierenden Hochspannungsleitungen. Und auf den Gleisen natürlich lange Wagenzüge, durchweg alle Wagen mit Rohbraunkohle oder Briketts beladen, die geschlossen von den Versandbahnhöfen in die Kraftwerke ode als Pendelzüge zu Großverbrauchern, wie Stahlwerken in Riesa, Hennigsdorf und Brandenburg, fahren. Eindeutige Zei chen dafür: Cottbus ist der Kohle- und Energiebezirk in der DDR; hier wird jeweils über die Hälfte der DDR-Produktion ar Elektroenergie, Stadtgas, Rohbraunkohle und Braunkohlenbriketts erzeugt. Aber auch Wagengruppen oder ganze Züge mit Baustoffen, vor allem Kies, Sand und Steinen, aus den zahlreichen reichhaltigen Gruben beherrschen das Bilc im Gütertransport.
Den Charakter des *Streckennetzes* um Cottbus bestimmen die aus allen Richtungen im Eisenbahnknoten Cottbus zusammentreffenden Hauptbahnen aus Berlin, Frankfurt (Oder), Leipzig, Dresden, Forst (Lausitz) und Görlitz sowie im weiteren die zahlreichen, vor allem dem Kohletransport und dem grenzüberschreitenden Verkehr von und zur Volks republik Polen sowie ČSSR dienenden Strecken. Dazwischen verzweigt sich ein nahezu 1500 km langes Streckennet: der Grubenbahnen, das nicht der Deutschen Reichsbahn, sondern der Kohleindustrie und der Energiewirtschaft unter steht. Von großer Bedeutung für höhere Leistungen im Gütertransport ist die Elektrifizierung des Streckennetzes im Bezirk Cottbus, in die auch die beiden größten *Rangierbahnhöfe* des Gebietes, in Cottbus und in Senftenberg, ein bezogen sind. Im Spreewald, in der Nieder- und Oberlausitz sowie im Lausitzer Gebirge ist das Streckennetz weit maschiger, und das Zittauer Gebirge wird lediglich durch eine 16,1 km lange 750-mm-Schmalspurbahn erschlossen, die von Zittau über Bertsdorf in die Kurorte Oybin und Jonsdorf führt.
Große *Personenbahnhöfe* sind Cottbus, dessen modernes Empfangsgebäude aus Glas, Stahl und Beton 1978 dem Verkehr übergeben wurde, Görlitz, dessen Empfangsgebäude unter Denkmalschutz steht, Bautzen sowie Senftenberg

Im Bezirk Cottbus liegen zahlreiche *Grenzübergangsbahnhöfe*, so Wilhelm-Pieck-Stadt Guben, Forst (Lausitz), Horka und Görlitz von und nach der Volksrepublik Polen; Zittau und Ebersbach (Sachs) nach der ČSSR.
Für den Eisenbahntouristen besonders interessant sind die großen Brücken bzw. Viadukte über die Flußtäler in de Oberlausitz, wie auf den Strecken Dresden – Görlitz und Görlitz – Zittau, und der größte Viadukt im Lausitzer Bergland der bei Zittau an der Strecke nach Liberec (ČSSR) über die Neiße führt.

(21)
Empfangsgebäude des Bahnhofs Cottbus, eines Neubaus aus den Jahren 1975/78, von der Gleisseite aus gesehen. Aufnahme vom Juli 1979, als die Dieseltraktion in Cottbus noch dominierte. Inzwischen sind hier Fahrleitungsmaste aufgestellt und Fahrleitungen montiert.

(22)

Bei Pommritz auf der Lausitzer Strecke zwischen Bautzen und Löbau (Sachs) wurde die 52 8056-5 mit ihrem Güterzug im März 1981 abgelichtet.

23)
Bei Fürstenwalde (Spree) Süd unterwegs mit einem Personenzug aus Reko-Wagen ist die 52 2751 mit Wannentender. Aufnahme von 1969.

(24)

Werklokomotive des VEB Kraftwerk Jänschwalde bei Cottbus vor der Kulisse des noch im Bau befindlichen Wärme kraftwerks, das zu den größten Wärmekraftwerken der DDR zählt. Für das Kraftwerk entstanden umfangreiche Gleis anlagen, auf dem u.a. auch ein spezieller Berufsverkehr von Cottbus bis ins Werkgelände des Kraftwerks abgewickel wird.

25)

VT 133 532 in typischer Landschaft um Cottbus im Einsatz auf der Spreewaldbahn. Aufnahme aus dem Jahre 1968. Der Triebwagen war von der Firma Talbot im Jahre 1934 unter der Fabrik-Nummer 78 689 hergestellt worden und lief bei der Spreewaldbahn unter der Betriebsnummer 501.

(26)

Bahnhof Falkenberg (Elster) unterer Bahnhof, Rangierbetrieb mit »Reiner 22«, der 106 220-7, und Einfahrt eines Personenzuges aus Richtung Herzberg (Elster), bespannt mit der 110 014-9, aufgenommen im Juni 1984.

(27)

Allerhand altmodische Garnituren – würde man aus heutiger Sicht zu den Reisezugwagen sagen, die sich im Bahnhof Falkenberg (Elster) im Jahre 1963 dem Fotografen zeigten. Auf dem Streckengleis oben in Richtung Cottbus dreiachsige Abteilwagen, ein Gepäckwagen aus den 20er Jahren und einer der frühen Reko-Wagen, auf den unteren Gleisen in Richtung Elsterwerda ein Zug, bestehend aus vierachsigen LOWA-Wagen, Baujahr 1952, am Bahnsteig haltend eine 38er mit einem Reisezugtrain, aus Abteilwagen gebildet.

28)
An einem sonnigen Wintertag des Jahres 1979 zieht die 118 285-6 (Baujahr 1967/Fabrik-Nr. 280 085) ihren Reisezug bei Löbau durch die Lausitzer Landschaft in Richtung Zittau.

(29)

Schmalspurdampflokomotive 99 1758-4 im Bahnhof Kurort Oybin beim Umsetzen zur Fahrt mit dem P 14 081 über die 12,2 km lange Strecke über Bertsdorf zurück nach Zittau. Aufnahme vom Juni 1986.

KURSBUCHSTRECKEN 300–330

DRESDEN, ELBTAL, OSTERZGEBIRGE, SÄCHSICHE SCHWEIZ

Bahnbetriebswerke: Dresden, Elsterwerda, Engelsdorf, Nossen, Riesa

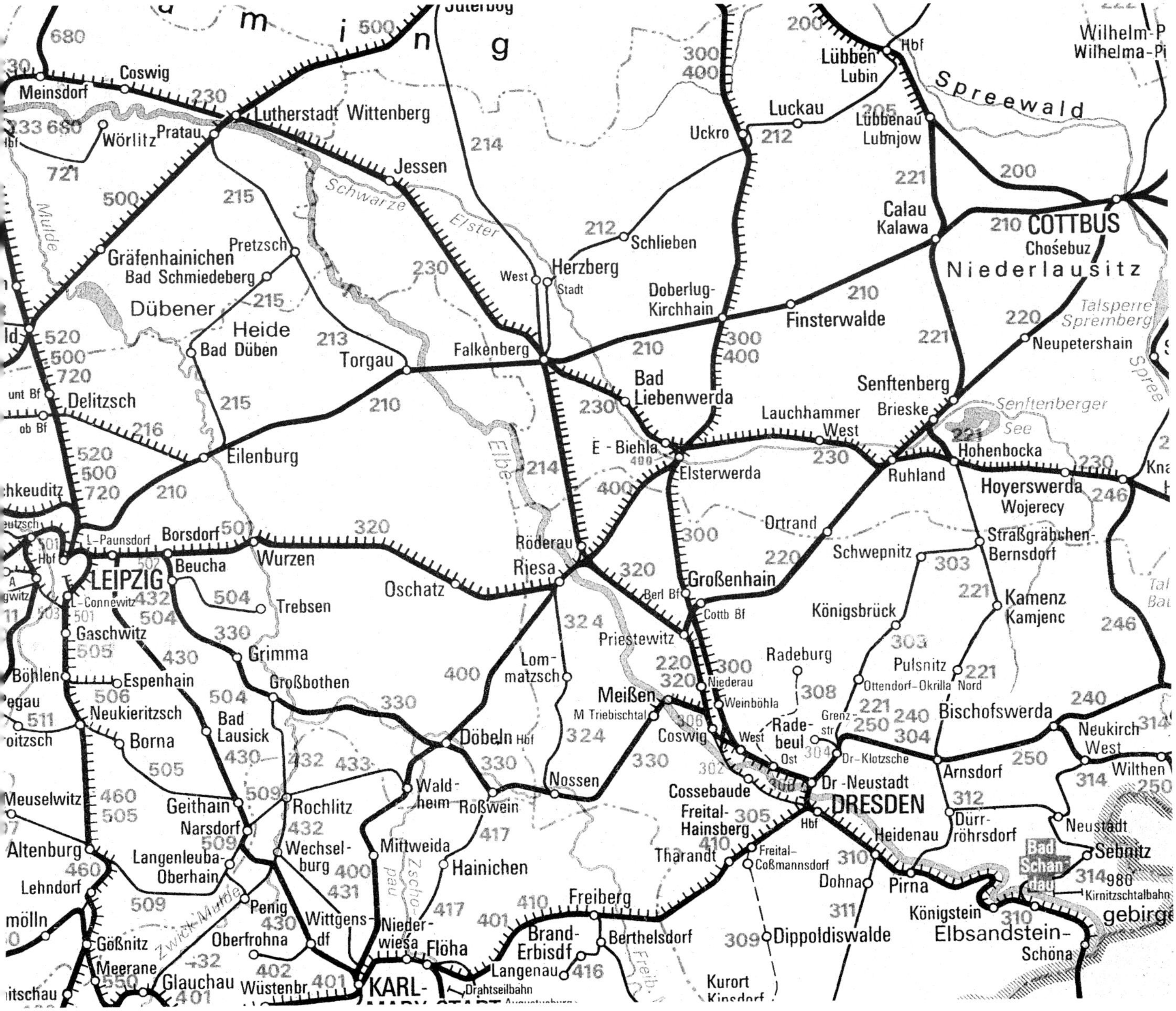

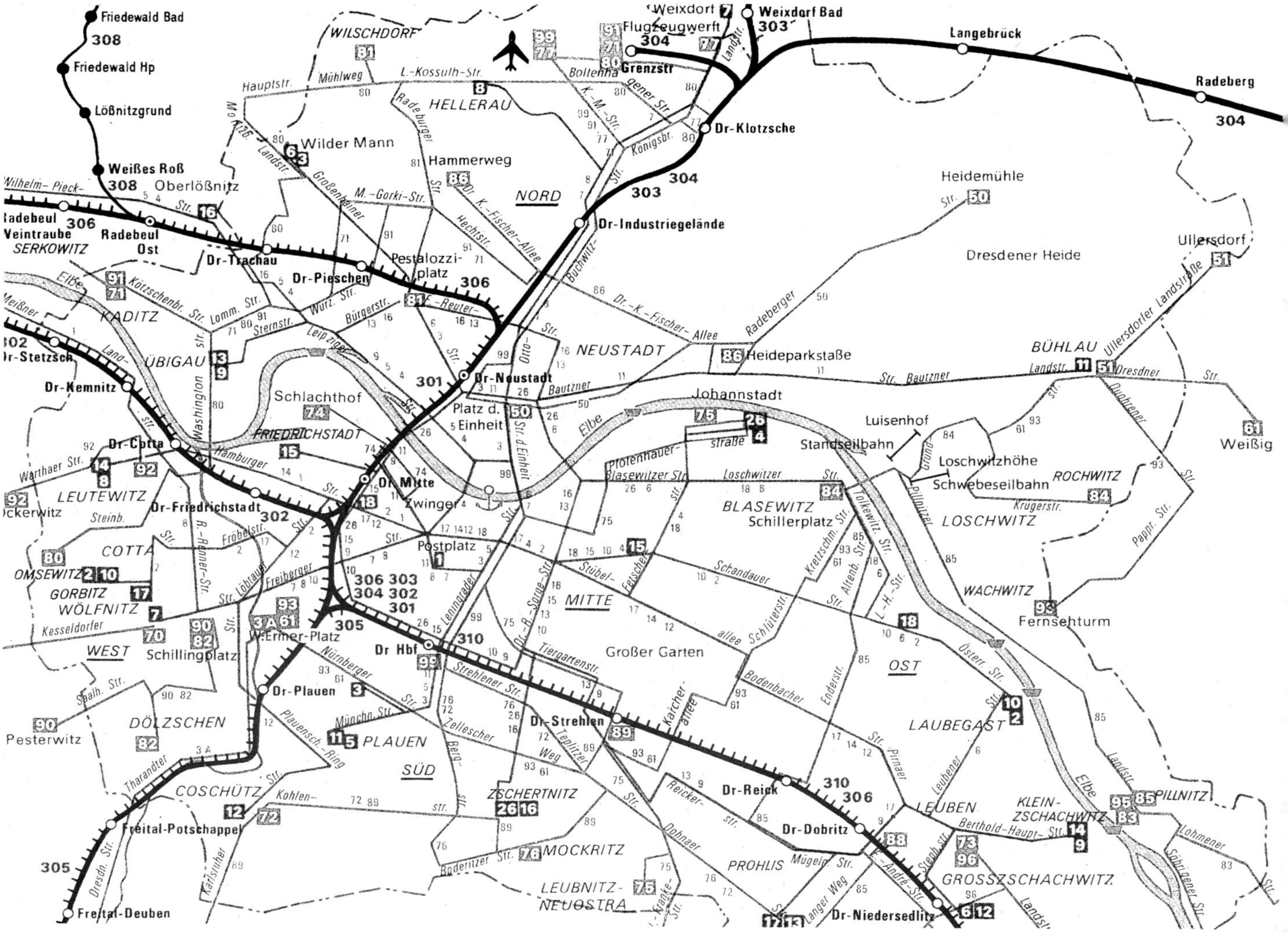
Friedewald Bad
308
Friedewald Hp
Lößnitzgrund
Weißes Roß
Oberlößnitz
Radebeul Weintraube
306
Radebeul Ost
SERKOWITZ
WILSCHDORF
Weixdorf
Flugzeugwerft
Weixdorf Bad
303
304
Grenzstr
Langebrück
Radeberg
Dr-Klotzsche
HELLERAU
Wilder Mann
Hammerweg
NORD
Dr-Industriegelände
Heidemühle
Dresdener Heide
Ullersdorf
Dr-Trachau
Dr-Pieschen
Pestalozziplatz
KADITZ
ÜBIGAU
Dr-Stetzsch
Dr-Kemnitz
Schlachthof
FRIEDRICHSTADT
Dr-Neustadt
301
NEUSTADT
Heideparkstaße
BÜHLAU
Weißig
Platz d. Einheit
Johannstadt
Luisenhof
Standseilbahn
Loschwitzhöhe
Schwebeseilbahn
ROCHWITZ
LOSCHWITZ
Dr-Cotta
LEUTEWITZ
Dr-Mitte
Zwinger
Dr-Friedrichstadt
302
BLASEWITZ
Schillerplatz
COTTA
OMSEWITZ
GORBITZ
WÖLFNITZ
Postplatz
MITTE
WACHWITZ
Fernsehturm
WEST
Schillingplatz
W.-Ermer-Platz
305
Dr Hbf
310
Großer Garten
OST
Dr-Plauen
Pesterwitz
DÖLZSCHEN
PLAUEN
SÜD
Dr-Strehlen
LAUBEGAST
COSCHÜTZ
ZSCHERTNITZ
Dr-Reick
Dr-Dobritz
LEUBEN
KLEIN-ZSCHACHWITZ
PILLNITZ
Freital-Potschappel
MOCKRITZ
PROHLIS
GROSSZSCHACHWITZ
LEUBNITZ-NEUOSTRA
Dr-Niedersedlitz
Freital-Deuben
Elbe

DRESDEN,
ELBTAL, OSTERZGEBIRGE, SÄCHSISCHE SCHWEIZ

Ob man von Berlin oder von Leipzig nach Dresden im Zuge fährt, mit dem Eintritt der beiden Strecken in das Elbtal bei Coswig vermittelt das Landschaftsbild rechts und links sehr augenscheinlich, daß hier – neben der Landwirtschaft mit Garten- und Weinbau – vor allem die Industrie vorherrscht, so daß man von einer regelrechten »Industriegasse« spricht, die sich weiter das Elbtal aufwärts über Heidenau bis Pirna hinzieht: Fabriken der Textilindustrie, der Elektronik, Elektrotechnik, des Maschinen- und Fahrzeugbaus, der Feinmechanik und Optik. Ein gleiches Bild zeigt sich einem aber auch, wenn man aus Richtung Karl-Marx-Stadt kommt: Hüttenbetriebe in und um Freiberg, Metallurgie, Maschinenbau, Glas- und Porzellanfabriken in Freital, nur daß die Bahnstrecke hier nicht in einem Flußtal verläuft, sondern einer Gebirgsbahn gleicht.

Den Charakter des *Streckennetzes* in und um Dresden kennzeichnen so vor allem die auf den Eisenbahnknoten Dresden zulaufenden Hauptbahnstrecken, während die Sächsische Schweiz und das Osterzgebirge vor allem durch Nebenbahnen – auch eine Schmalspurbahn – erschlossen werden. Diese führt als älteste Schmalspurbahn im Netz der Deutschen Reichsbahn über eine Länge von 26,1 km und in 750 mm Spurweite im Tal der Roten Weißeritz aufwärts ins obere Erzgebirge, mit teils erheblichen Neigungen, bis zum Kurort Kipsdorf. Die zweite Schmalspurbahn im Dresdner Raum – gleichfalls in 750 mm Spurweite – ist nicht minder attraktiv, wenngleich sie nicht ins Gebirge führt, wohl aber – von Radebeul Ost aus – durch die herrliche Moritzburger Teichlandschaft mit dem als Museum eingerichteten Jagdschloß Moritzburg inmitten eines prächtigen Parkes. Die »Stammstrecke« durch das Elbtal ist freilich die zweigleisige, elektrifizierte Strecke von Dresden – entlang der Elbe – über Pirna und Bad Schandau bis zur Staatsgrenze zur ČSSR, ab Pirna stets begleitet von den schroffen Felsen des Elbsandsteingebirges. Die auf diesem Abschnitt verkehrenden Reise- und Güterzüge über den Grenzbahnhof Bad Schandau (einer der am stärksten belasteten Grenzbahnhöfe der DR) lassen an den Anschriften ihrer Wagen erkennen – hier sind DR, ČSD, MÁV, BDŽ, ÖBB, DB, PKP, SJ zu lesen –, daß der internationale Eisenbahnverkehr dominiert. Im Gütertransport hat dafür der größte *Rangierbahnhof* bei der Deutschen Reichsbahn – Dresden-Friedrichstadt – die größte Bedeutung, während im Reiseverkehr die beiden *Personenbahnhöfe* – Dresden Hauptbahnhof und Dresden-Neustadt – durch ihre großen Reisendenströme zu den leistungsstärksten bei der DR zählen. Die hohe Bevölkerungsdichte in und um Dresden verursacht einen starken Berufsverkehr. Für den Nahverkehr im Raum Dresden bis nach Meißen und nach Pirna ist ein S-Bahn-Tarif gültig, in den 52 Bahnhöfe und Haltepunkte einbezogen sind.

Die Kunststadt Dresden, auch »Elbflorenz« genannt, und die landschaftlichen Schönheiten des Elbtales, des Elbsandsteingebirges und der Sächsischen Schweiz bewirken einen ausgeprägten Touristen- und Urlauberverkehr.

Bemerkenswerte Brücken im Dresdner Raum sind die Marienbrücke über die Elbe nahe des Bahnhofs Dresden Mitte sowie die Elbebrücke bei Niederwartha. Die meisten Tunnel gibt es auf der Müglitztalbahn von Heidenau nach Altenberg (Erzgebirge) sowie auf der Strecke von Bad Schandau nach Sebnitz (Sachsen), die als »Sächsischer Semmering« bezeichnet wird.

01 2066-7
102

(31)

Der letzte »Sachsenstolz«, wie die Baureihe 19 schon bei den sächsischen Eisenbahnern noch unter ihrer Länderbahngattung XX HV genannt wurde. Ihre Stammstrecke war die schwere Hügellandstrecke Dresden – Reichenbach (Vogtland) – Hof, auf der sie – bedingt durch den stetigen Wechsel von Steigung und Gefälle – mit dem natürlichen Ausgleich von Dampfleistung und Kohleverbrauch zur vollsten Zufriedenheit lief. Die 19 017 – hier aufgenommen im Juni 1983 im Bahnbetriebswerk Dresden Altstadt – gehört zum Bestand der nicht betriebsfähigen Museumslokomotiven der DR und ist häufig auf Ausstellungen zu sehen.

(30)

◁ Vor der Hallenschürze des Bahnhofs Dresden Neustadt wartet am Bahnsteig 2 die 01 2066-7 mit ihrem Schnellzug auf Ausfahrt in Richtung Dresden Hauptbahnhof. Aufnahme vom Mai 1975.

(33)

Größter und leistungsstärkster Rangierbahnhof der Deutschen Reichsbahn ist der Bahnhof Dresden-Friedrichstadt. Seine durchschnittliche tägliche Bergleistung liegt bei über 3850 Wagen. Aufnahme vom Juli 1987.

(32)

◁ Das waren noch Zeiten, als die Lokomotiven der BR 58 auf dem Rangierbahnhof Dresden-Friedrichstadt im Jahre 1970 noch die Schleppfahrten ausführten: Rangierfahrten von der Einfahrgruppe nach dem Ablaufberg. Historie, denn inzwischen ist der größte und leistungsstärkste Rangierbahnhof der DR an das elektrifizierte Streckennetz angeschlossen. Das Schleppen der Züge ist geblieben, denn beim Rangierbahnhof Dresden-Friedrichstadt handelt es sich um einen Gefällebahnhof, doch das besorgen jetzt Diesellokomotiven.

(34)

Für Eisenbahnfreunde eine besondere Zuggarnitur im Bahnhof Radebeul Ost im September 1979: Die 01 2204-4 des Bahnbetriebswerks Dresden und dahinter die 01 1512 des Bahnbetriebswerks Berlin Ostbahnhof auf Abschiedsfahrt mit einer Städte-Expreß-Garnitur.

35)

Ruhepause für die sächs IV K mit der Bahnnummer 132 vor dem Lokschuppen in Radeburg, August 1984. Noch einige Minuten vergehen, dann übernimmt die im Jahre 1899 von Hartmann (Chemnitz) unter der Fabrik-Nummer 2381 gebaute Maschine den aus historischen Schmalspurpersonenwagen bestehenden Zug zurück nach Radebeul Ost durch die Moritzburger Teichlandschaft. Die in den Ursprungszustand zurück versetzte Lokomotive trug ab 1925 die DRG-Nummer 99 539, ab 1970 bei der DR die EDV-Nummer 99 1539-8.

(36)

Die Museumslokomotive der Deutschen Reichsbahn 89 6009 vor einer Kulisse, an der sie in ihrem regulären Dienst ni vorübergefahren ist: die Felsengruppe der Bastei bei Rathen in der Sächsischen Schweiz. Was eben so ein Dasein fü Museumszwecke möglich macht! Speziell für Fotoaufnahmen im Elbtal war sie aus ihrem Schuppen in Dresden auf di Elbtalstrecke als Fotomodell gekommen.

37)

Triebwagenzug der »Bauart Köln« als »Vindobona« Berlin – Prag – Wien auf dem Streckenabschnitt durch die Sächsische Schweiz am km 16,2 in der Nähe von Schmilka-Hirschmühle. Aufnahme vom Mai 1959.

60

39)

ılltägliches Bild im Bahnhof Bad Schandau – wichtigster Grenzbahnhof für den Verkehr zwischen der DDR und der ;SSR. Transitgüter vom Norden Europas nach dem Südosten und umgekehrt nehmen den Weg über Bad Schandau. ›ie Transitmagistrale Warnemünde/Rostock Seehafen – Bad Schandau in einer Länge von 400 km ist durchgehend ›lektrifiziert.

38)

1 Auf der Transitstrecke im Elbtal zwischen Dresden und Schöna: Internationaler Güterzug in Richtung CSSR, beför-lert von der Diesellok der Tschechoslowakischen Staatsbahnen T.678, aufgenommen im November 1977 bei Krippen.

243 027-0

41)

Das ist die älteste deutsche Eisenbahnbrücke! Sie liegt im Verlauf der Strecke Leipzig – Dresden am Kilometer 29,25 beim Haltepunkt Kühren und führt über die jetzige Fernverkehrsstraße 6 hinweg. Aufnahme vom August 1987.

40)

◁ Nahe des früheren Tunnels bei Oberau führt die 243 027-0 den D 873 von Leipzig nach Dresden am Blocksignal vorbei. Aufnahme vom Mai 1987.

(42)

Die Schmalspurdampflokomotive 99 534 (hergestellt von der Firma Hartmann im Jahre 1898 unter der Fabrik-Numme 2275) ist eine B' B' n4vt-Maschine der sächsichen Gattung IV K. Sie war auf den sächsischen Schmalspurnetzen ur Mügeln (hier wurde sie vor dem Lokschuppen in Oschatz im August 1962 abgelichtet), Kirchberg und Schönheide ir Einsatz und steht nach ihrer Ausmusterung 1976 als Denkmallok in Geyer (Erzgeb).

(43)
Auf der Müglitztalbahn von Heidenau nach Altenberg im Erzgebirge ziehen zwei 86er in Doppeltraktion die beiden zweiteiligen Doppelstockzüge mit Wintersportlern durch die Schneelandschaft unterhalb des Geisingberges – mit Aussichtsturm im Hintergrund zu sehen, aufgenommen 1964. Die nach Ausmusterung der bekannten Altenberger Wagen auf die Müglitztalbahn gekommenen Doppelstockzüge verkehrten hier auch nur bis 1968, da die starken Krümmungen der Strecke die Laufwerke der Doppelstockwagen zu stark beanspruchten.

KURSBUCHSTRECKEN 400–475

KARL-MARX-STADT, ERZGEBIRGSVORLAND, ERZGEBIRGE, VOGTLAND, MULDETAL

Bahnbetriebswerke: Karl-Marx-Stadt, Altenburg, Aue (Sachsen), Glauchau (Sachsen), Reichenbach (Vogtland)

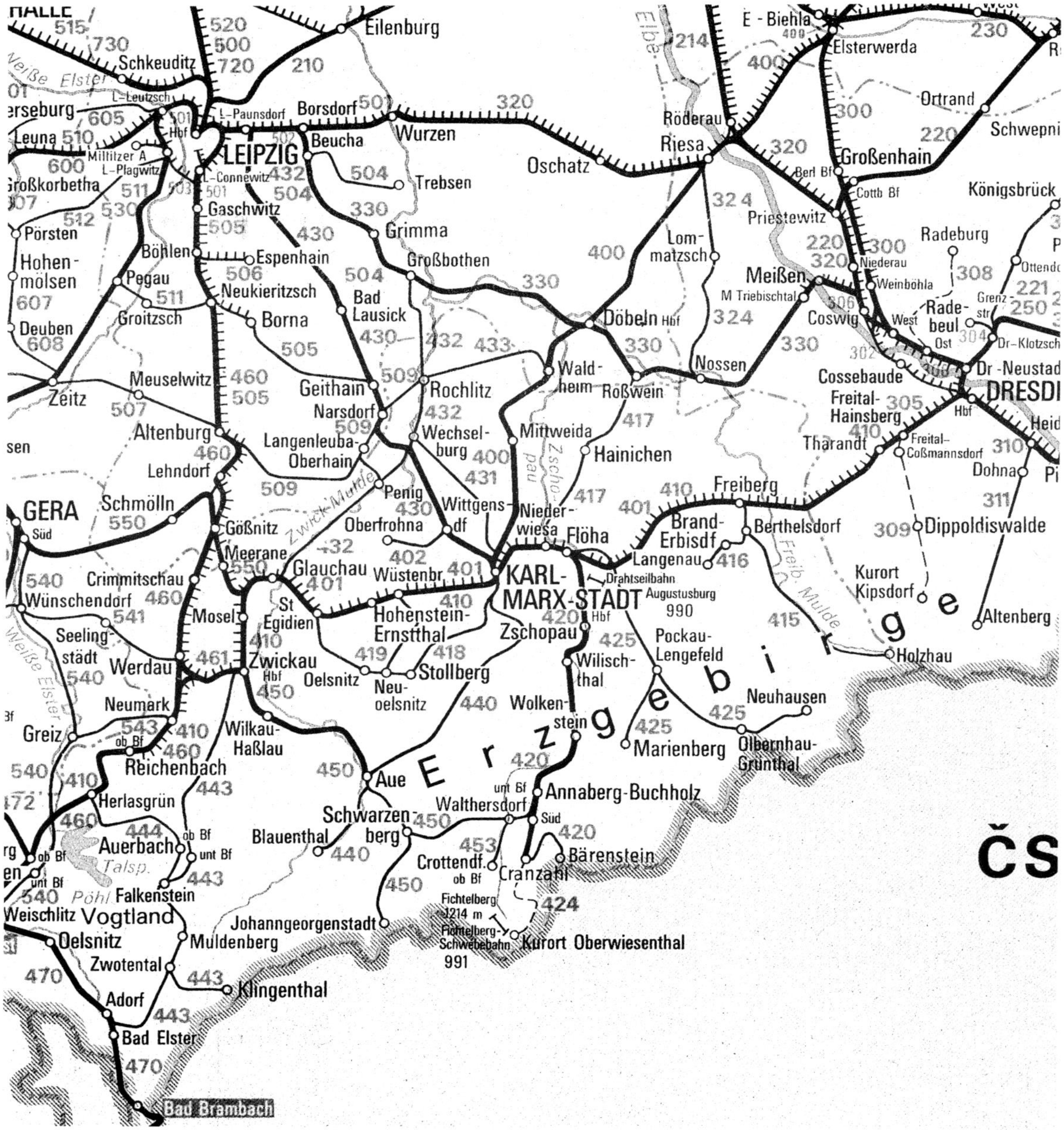

KARL-MARX-STADT, ERZGEBIRGSVORLAND, ERZGEBIRGE, VOGTLAND, MULDETAL

Reist man mit der Eisenbahn von Dresden über Freiberg (Sachs) und Karl-Marx-Stadt weiter über Zwickau (Sachs) nach Plauen (Vogtland), so fällt einem zweierlei auf: zahlreiche Brücken führen den Schienenweg am Nordabhang des Erzgebirges über die vielen aus dem Gebirge kommenden und nach Norden fließenden Gewässer in den tiefen Tälern, und die Bahnstrecke vollzieht enorm viele Windungen mit häufigen Neigungswechseln. So hat man das Gefühl, auf einer Gebirgsbahnstrecke zu fahren, obgleich sie nur einen einzigen Tunnel (Edle Krone, 122 m lang) aufzuweisen hat. Kaum hat der Zug, von Dresden kommend, auf dem Hetzdorfer Viadukt die im Tal dahinfließende Flöha und die Bahnlinie Flöha – Pockau-Lengefeld überquert, dann die beiden Industrieorte Flöha und Niederwiesa passiert, tritt die Strecke in den weiten Talkessel des Flusses Chemnitz ein, in dem sich die bedeutende sächsische Großstadt Karl-Marx-Stadt mit einer Vielzahl von Industriezweigen ausdehnt. Zu der über 300 Jahre hier ansässigen Textilindustrie kamen später der Maschinenbau, die Chemieindustrie, der Fahrzeug- und Motorenbau, die Hydraulik- und Elektroindustrie hinzu.

An der zweigleisigen, von Dresden über Karl-Marx-Stadt bis Reichenbach (Vogtland) elektrifizierten Strecke reihen sich Industrieorte wie an einer Kette gereiht aneinander, so daß diese Hauptbahn sowohl im Personenverkehr – vor allem im Berufsverkehr – als auch im Gütertransport große Verkehrsaufkommen zu bewältigen hat. Sie bestimmen somit auch den Charakter des *Streckennetzes* um Karl-Marx-Stadt, denn von ihr ausgehend führen – bis auf die Strecke von Zwickau (Sachs) nach Schwarzenberg (Erzgebirge), die als Hauptbahn ausgelegt ist – ausschließlich Nebenbahnen durch das Erzgebirgsvorland und mit erheblichen Längenentwicklungen sowie die Flußtäler ausnutzend hinauf ins Erzgebirge. Dabei ist auch eine 750-mm-Schmalspurbahn, die über 17,4 km von Cranzahl hinauf ins Fichtelberggebiet nach Oberwiesenthal verläuft. Der Hauptbahnhof (mit neuer großer Bahnsteighalle aus Stahl und Glas am 100 m langen Querbahnsteig) ist im Eisenbahnknoten Karl-Marx-Stadt der wichtigste Umsteigebahnhof im Reiseverkehr, im Güterverkehr zusammen mit dem Rangierbahnhof Karl-Marx-Stadt-Hilbersdorf Umstellbahnhof für das Erschließen des Erzgebirges. Dem Containertransport dienen die Containerbahnhöfe Karl-Marx-Stadt-Kappel und Annaberg-Buchholz Süd.

Weitere bedeutende Eisenbahnknoten in dieser Region sind Zwickau (Sachsen) mit großem Personenbahnhof, Rangierbahnhof und Containerbahnhof sowie Plauen (Vogtland) mit oberem und unterem Bahnhof. Von Plauen aus führt der grenzüberschreitende Verkehr zum Grenzbahnhof Bad Brambach und weiter in die ČSSR.

Auf dem Streckenabschnitt zwischen Reichenbach (Vogtland) und Plauen (Vogtland) fährt der Zug über zwei der bedeutendsten Brücken im Netz der DR, die vieretagige Göltzschtalbrücke, 574 m lang und 78 m hoch (die größte Ziegelsteinbogenbrücke der Welt) und die 281 m lange und 69 m hohe Elstertalbrücke, beide unter Denkmalschutz gestellt.

(44)

Panorama des Hauptbahnhofs Karl-Marx-Stadt (Chemnitz). Links das Empfangsgebäude, das heute äußerlich im wesentlichen noch so besteht, wie es sich bei der Einweihung 1872 zeigte. Die Hallenkonstruktion in Bildmitte ist ein Neubau, der in den Jahren 1972/75 anstelle der früheren stählernen, im Krieg sehr stark beschädigten Halle entstand. Von der 72 m x 148 m großen Halle werden die Bahnsteige 1 bis 14 überdacht. Aufnahme vom September 1986.

(45)

Triebwagenzug der Deutschen Reichsbahn, bestehend aus 137 092, 145 092, 137 096 und 145 187 als Lt 2612 im April 1966 aufgenommen vor der Einfahrt Wechselburg, im Hintergrund die Eisenbahnbrücke bei Cossen.

(46)

Auf einer sächsischen Gebirgsbahnstrecke zwischen Tharandt und Klingenberg-Colmnitz: mit einer größten ▷ Neigung von 1:40, teilweise sogar 1:39, zieht sich die zweigleisige elektrifizierte Hauptbahn am Nordrand des Erzgebirges hin. Die E 42 100 hat mit ihrem Personenzug soeben den Tunnel Edle Krone passiert, aufgenommen 1967. Bei der Elektrifizierung dieses Streckenabschnittes gab es erhebliche Probleme wegen des zu geringen Tunnelprofils für die elektrische Fahrleitung. Schließlich wurde im 100 m langen Tunnel das Tunnelgewölbe nach oben ausgebrochen, wobei 15000 m^3 Felsgestein abgetragen wurden bei Aufrechterhaltung eines eingleisigen Betriebs.

E42 100

(47)

Die 94 2105-8 gehörte viele Dienstjahre zum Bahnbetriebswerk Aue (Sachsen). Nachdem die Maschine 1983 aus dem Plandienst ausschied, nahmen sie die Eisenbahner des Bw in Pflege und wollen sie der Nachwelt erhalten. Hier zeigt sie sich im September 1984 vor dem Dienstgebäude des Bw.

48)

er Bahnhof Aue (Sachsen) im Jahre 1963: Berufsverkehr am Nachmittag. Abfahrbereit nach Johanngeorgenstadt teht am Bahnsteig rechts die 86 040 vom Bahnbetriebswerk Aue (Sachsen) mit ihrem Personenzug. Die Wagenarnitur besteht aus drei Behelfspersonenwagen, sechs Reko-Wagen und einem Gepäckwagen, am Schluß schiebt leichfalls eine 86er des Bahnbetriebswerks Aue (Sachsen). Vom Personenzug links am Bahnsteig in Richtung Werdau Sachsen) blickt uns das Regelschlußsignal Zg 3 an einem alten sächsischen Gepäckwagen an.

(49)

Im August 1984 dampfte es auf ihr noch kräftig: Zug der Preßnitztalbahn in der bekannten Kurve bei Schmalzgrube.

(50)

Aufenthalt zum Wasserfassen in Steinbach. In diesem Ziegelbau ist der Wasserbehälter untergebracht. Die Arbeiten ▷
des Lokpersonals finden aufmerksame Augen bei groß und klein. Aufnahme vom August 1984.

(51)

Die betriebsfähige Museumslokomotive der Deutschen Reichsbahn 38 205, eine frühere sächsische XII H2, im Jahre 1910 von Hartmann unter der Fabrik-Nr. 3387 geliefert, beförderte im Juni 1979 den Traditionszug der DR, gebildet aus vierachsigen Eilzugwagen, während einer Sonderfahrt anläßlich des 100jährigen Jubiläums der Strecke Stollberg (Sachs) – St. Egidien, hier aufgenommen bei der Ausfahrt aus dem Bahnhof Lichtenstein (Sachs) in Richtung Stollberg (Sachs).

52)

Der P 14 314 von Oberwiesenthal nach Cranzahl hat soeben den Bahnhof Oberwiesenthal verlassen und passiert den 1897 erbauten 100 Meter langen und 23 Meter hohen Stahlviadukt.

(53)

Die 99 161 war eine der drei von Hartmann gebauten B' B'-Maschinen der sächsischen Gattung IM für die 1000-mm Schmalspurstrecke von Reichenbach (Vogtl) unterer Bahnhof nach Oberheinsdorf. Die Maschine ist nach Stillegung der Strecke 1963 verschrottet worden. Die Schwestermaschine 99 162 wird vom Verkehrsmuseum Dresden auf bewahrt.

54)

uf der sächsischen 750-mm-Schmalspurstrecke von Freital-Hainsberg nach Kurort Kipsdorf ist die 99 1789-9 mit rem Güterzug unterwegs zwischen Ulberndorf und Obercarsdorf. Die normalspurigen Güterwagen sitzen auf Roll-agen, lediglich der letzte Wagen des Zuges ist ein Schmalspurgepäckwagen. Aufnahme vom April 1982.

99 785

(56)
Der im Jahre 1932 angelegte Rangierbahnhof im Zwickau (Sachsen) ist als Gefällebahnhof ausgebildet. In der Richtungsgruppe liegen 34 Gleise. Die durchschnittliche Bergleistung liegt bei 2350 Wagen je Tag. Die rangiertechnische Ausstattung umfaßt Talbremsen, Zwischenbremsen und Richtungsgleisbremsen. Aufnahme von 1984.

(55)
◁ Soeben hat die 99785 mit ihrem Güterzug den Bahnhof Wilischthal verlassen, überfährt die Zschopaubrücke und dann am rechten Talhang des Wilischthals aufwärts in Richtung Thum, Zentrum des einstigen Thumer Schmalspurnetzes im Erzgebirge. Die Maschine 99 785 war in der ersten Hälfte des Jahres 1954 zum Bahnbetriebswerk Thum gekommen, es handelt sich um eine 1954 hergestellte Neubau-Lokomotive aus dem seinerzeitigen VEB Lokomotivbau »Karl Marx« Babelsberg (Fabrik-Nr. 32 026). Die Güterwagen der Normalspur wurden auf dem Thumer Schmalspurnetz auf vier-bzw. sechsachsigen Rollwagen befördert.

KURSBUCHSTRECKEN 500–566

LEIPZIG, ELSTERTAL, SAALETAL

Bahnbetriebswerke: Leipzig Hbf Süd, Leipzig Hbf West, Leipzig-Wahren, Gera, Saalfeld (Saale), Probstzella

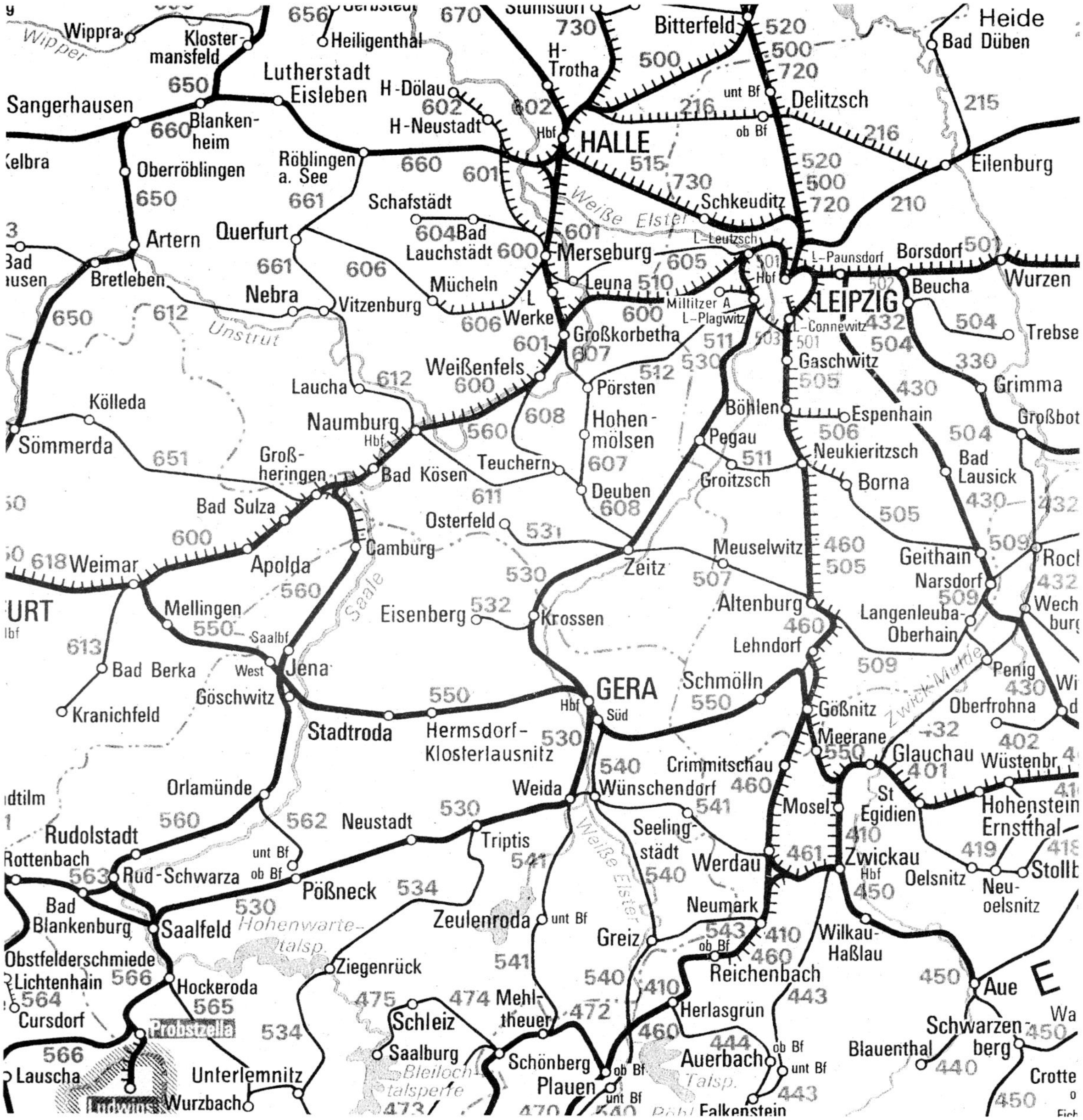

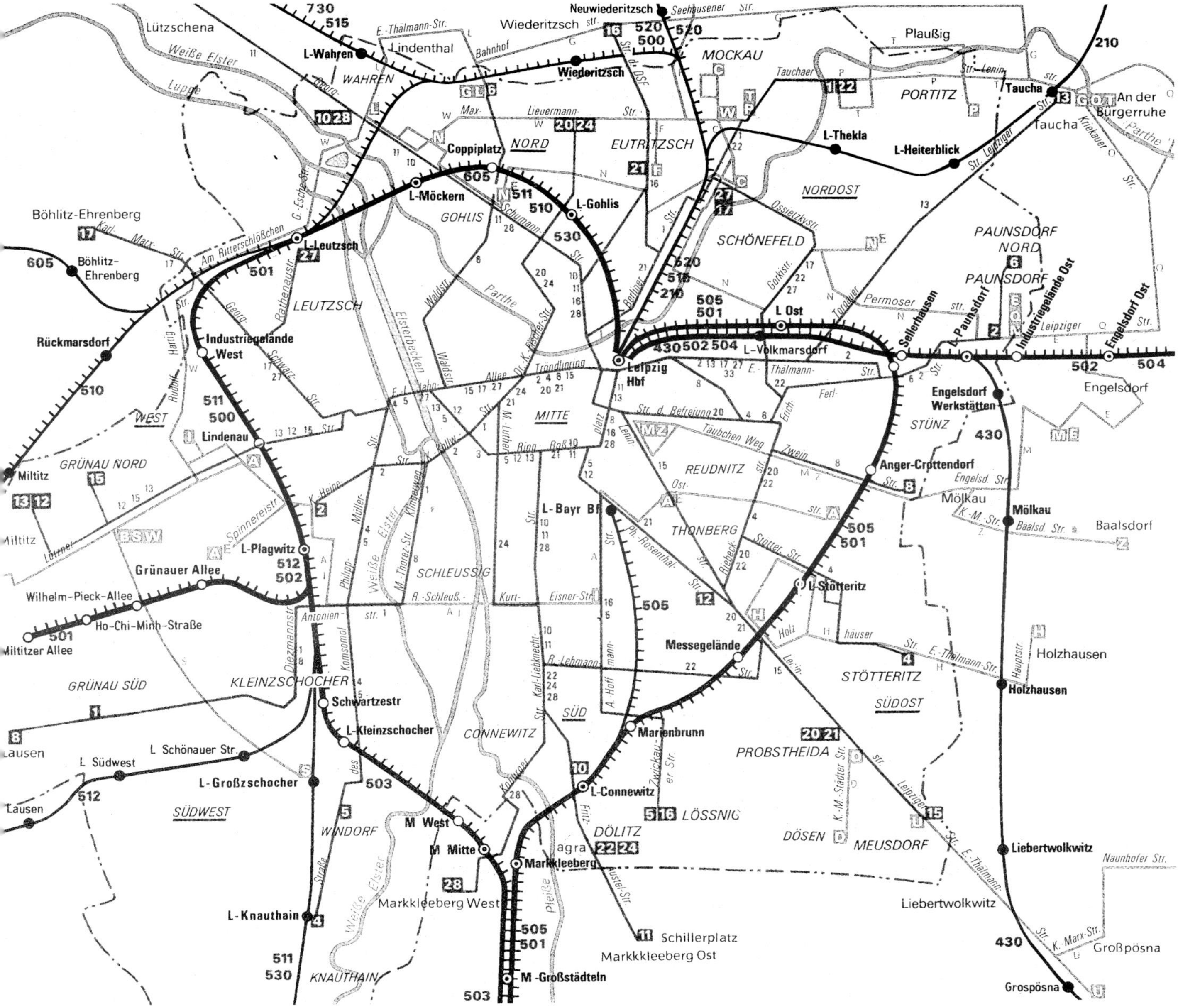

Neuwiederitzsch
Wiederitzsch
Lindenthal
Lützschena
L-Wahren
WAHREN
Wiederitzsch
MOCKAU
Plaußig
PORTITZ
Taucha
An der Bürgerruhe
Coppiplatz
NORD
EUTRITZSCH
L-Thekla
L-Heiterblick
L-Möckern
L-Gohlis
GOHLIS
NORDOST
SCHÖNEFELD
PAUNSDORF NORD
PAUNSDORF
Böhlitz-Ehrenberg
L-Leutzsch
LEUTZSCH
L Ost
Sellerhausen
L-Paunsdorf
Industriegelände Ost
Engelsdorf Ost
Rückmarsdorf
Industriegelände West
L-Volkmarsdorf
Leipzig Hbf
Engelsdorf Werkstätten
Engelsdorf
STÜNZ
WEST
Lindenau
MITTE
GRÜNAU NORD
REUDNITZ
Anger-Crottendorf
Miltitz
Mölkau
Baalsdorf
L-Bayr Bf
THONBERG
L-Plagwitz
Grünauer Allee
SCHLEUSSIG
L-Stötteritz
Wilhelm-Pieck-Allee
Ho-Chi-Minh-Straße
Miltitzer Allee
Messegelände
Holzhausen
GRÜNAU SÜD
KLEINZSCHOCHER
STÖTTERITZ
SÜDOST
Schwartzestr
L-Kleinzschocher
SÜD
CONNEWITZ
Marienbrunn
PROBSTHEIDA
L Südwest
L Schönauer Str.
L-Großzschocher
L-Connewitz
LÖSSNIG
SÜDWEST
WINDORF
M West
M Mitte
DÖLITZ
DÖSEN
MEUSDORF
Markkleeberg
Liebertwolkwitz
Markkleeberg West
L-Knauthain
Schillerplatz
Markkkleeberg Ost
Großpösna
KNAUTHAIN
M-Großstädteln
Grospösna

LEIPZIG, ELSTERTAL, SAALETAL

Es ist schon beeindruckend, wenn man, am Fenster eines Schnellzugs stehend, über das scheinbar unendlich wirkend Gewirr von Gleisen und Weichen im Vorfeld des Leipziger Hauptbahnhofs – einem der größten Personenbahnhöf Europas – fährt, vorbei an Signalen und Stellwerken, bis der Zug in einer der sechs Bahnsteighallen unter dem riesige Dach verschwindet und an einem der 26 Bahnsteige hält. Dann nimmt der Riesenbau die Reisenden auf, zuerst eine de sechs Längsbahnsteighallen, jede 240 m lang und 20 m hoch, dann die 276 m lange und 33 m breite Querbahnsteig halle mit ihrer verglasten Stahlbetondecke in 27 m Höhe, von hier über 10 m breite Freitreppen in die jeweils 26 m hoh Westhalle bzw. Osthalle, um schließlich vor das Empfangsgebäude mit seiner 300 m breiten Front zu gelangen. Zwa bestimmt der im Jahre 1990 75 Jahre bestehende Leipziger Hauptbahnhof – unter Denkmalschutz stehend – mit täglic 250 ankommenden und ebenso vielen abgehenden Zügen, mit seinen im Tagesdurchschnitt 360 000 Reisenden de Eisenbahnverkehr in Leipzig, doch zum zweitgrößten Eisenbahnknoten der DDR gehört noch weit mehr: außer den Hauptbahnhof noch 32 weitere Bahnhöfe und Haltepunkte, darunter der Bayrische Bahnhof – der älteste große, in se ner ursprünglichen Anlage noch erhaltene Kopfbahnhof aus der Früheit des Eisenbahnwesens und deshalb unter Denk malschutz gestellt, die beiden großen *Rangierbahnhöfe* in Leipzig-Wahren und in Engelsdorf, der Containerbahnhc sowie die Leipziger S-Bahn.

Den Charakter des *Streckennetzes* bestimmen somit die neun Hauptbahnstrecken und zwei Nebenbahnstrecken, di sich im Eisenbahnknoten Leipzig vereinigen. Eine besondere Stellung nimmt der Leipziger Güterring ein, der im Norde Leipzigs eine eigene Trasse aufweist und auf dem der Durchgangsgüterverkehr um die Stadt herumgeführt wird.

Die zweitgrößte Stadt der DDR weist einen sehr umfangreichen Personenverkehr auf, bei dem der Berufsverkehr – zun großen Teil von der Leipziger S-Bahn bewältigt – dominiert, ferner sind bedeutend der Dienstreise- und Touristenver kehr sowie zweimal im Jahr der Sonderreiseverkehr zur Leipziger Messe mit täglich bis zu 40 Sonderzügen. Im Güter transport ist die Industriestadt Leipzig Großverbraucher an Kohle und Koks, diesen beiden wichtigsten Gutarten folge Metallwaren, Baustoffe und -materialien, Kühlgut, Holz und landwirtschaftliche Produkte, während beim Versand – ent sprechend der Struktur der Industriezweige Leipzigs – Stückgüter an der Spitze stehen, gefolgt von Maschinen (Ver lade-, Transport- und Förderanlagen), Chemieanlagen und Zulieferteilen für viele Industriebetriebe.

Von Leipzig aus verlaufen in Richtung Süden zwei landschaftlich interessante Strecken, nach dem DR-Kursbuch mi den Strecken-Nummern 530 und 560 bezeichnet. Die erstere führt über das Industriegebiet von Zeitz nach Gera un von dort weiter durch das Tal der Weißen Elster aufwärts – deshalb auch als Elstertalbahn bezeichnet – bis nach Plaue (Vogtland). Allein zwischen Gera und Plauen muß die Bahn 8 Tunnel passieren und 30mal auf Brücken die Weiße Elste überqueren, wobei sich zu allen Jahreszeiten die Landschaft in herrlichen Bildern präsentiert.

Ebenfalls so interessant und abwechslungsreich ist eine Fahrt auf der Kursbuch-Strecke Nummer 560, die über de Eisenbahnknoten Großkorbetha nach Weißenfels und von dort immer im Tal der Saale entlang über die von vielen Touri sten besuchte Stadt Naumburg, vorbei an den Burgen um Bad Kösen nach der Industrie- und Universitätsstadt Jen und weiter das Saaletal aufwärts über Rudolstadt nach der durch die Feengrotten bekannten Stadt Saalfeld (Saale führt.

(57)

Im Jahre 1990 begeht der Leipziger Hauptbahnhof, mit 26 Bahnsteigen größter Personenbahnhof Mitteleuropas, den 75. Jahrestag seines Bestehens. Hinter dem 300 m breitem Kopfbau liegen die monumentalen Empfangshallen sowie die sechs stählernen Bahnsteiglängshallen mit ihren 26 Bahnsteigen in einer Gesamtbreite von 295 m und einer Länge von 240 m. Aufnahme vom September 1987.

(58)

Am Bahnsteig 4 des Leipziger Hauptbahnhofs vor dem D 703, die Reko-Lokomotive 22 038 der Deutschen Reichsbahn, aufgenommen im Jahr 1968. Einsatz-Bahnbetriebswerk der 22er war Saalfeld, das mit den Maschinen Schnell- und Eilzüge im Saaletal und u.a. bis nach Leipzig fuhr. Die Baureihe 22 entstand durch Rekonstruktion der Baureihe 39.0-2 (preußische P 10), bei der die Maschinen u.a. neue Hochleistungskessel erhielten. Die elegante und moderne Maschine war dem Bild der Einheitslokomotiven gekonnt angeglichen worden.

59)

\llerhand Dampf unter der Fahrleitung im Vorfeld des Leipziger Hauptbahnhofs im Mai 1967. Während die ausfahrende :3 1095 (rechts im Bild) die Regelbespannung darstellt, mußte die 52 5578 vor dem einfahrenden Personenzug sicher ür eine schadhaft gewordene Maschine die Leistung übernehmen. Interessant die Kombination: Witte-Windleitbleche ım Kessel der Lok, die mit einem Wannentender gekuppelt ist!

BM
Haushaltgroßgeräte
Haushaltwaren
Handelshof
Halle 13.13
Hartkurzwar
Schlösser + B
Gleis 10
Gleis 10a
Gleis 12

61)

Einfahrt in den Leipziger Hauptbahnhof für den D 565 Berlin – Reichenbach (Vogtland) mit der 250 128-6 im August 1985. Links im Hintergrund Abstellanlagen für Reisezüge, dabei u.a. die blau-gelben Wagen, die seinerzeit noch im Leipziger S-Bahn-Verkehr eingesetzt waren.

60)

Leipzig Hauptbahnhof, Bahnsteige 10 und 11 während der Leipziger Frühjahrsmesse 1980. Mehr als 500 Sonderzüge fuhr die Deutsche Reichsbahn während der einwöchigen Frühjahrsmesse.

(62)

Jungfernfahrt der Leipziger S-Bahn am 12. Juli 1969. Im Führerstand der E 11 035 ist kein Lokführer zu sehen, denn di
Maschine fährt im Wendezugbetrieb, bei dem der Lokführer im Abteil des Steuerwagens am anderen Zugende sitz
Seit Beginn trägt die Leipziger S-Bahn die Fahrtrichtungsbezeichnungen 1 und 2 auf der Linie A.

63)

n der Abendsonne zieht die 44 0115-4 ihren Güterzug bei Gera-Röppisch die Rampe hinaus in Richtung Weida, die lgefeuerte Maschine war im Juli 1984 im Bahnbetriebswerk Saalfeld (Saale) beheimatet.

(64)

Sie ist im Jahre 1973 im Leipziger Hauptbahnhof noch als ölgefeuerte Maschine zu sehen gewesen, die 01 0533-8 des Bahnbetriebswerks Saalfeld (Saale) vor dem P 4005. Gleich hinter der Lokomotive läuft ein Kühlwagen, beladen mit Frischfisch.

(65)

Unter dem Stellwerk B 3 im Leipziger Hauptbahnhof – der Schnelltriebwagen »Bauart Görlitz« der Deutschen Reichsbahn als »Karlex« zwischen Berlin und Karlovy Vary, aufgenommen im Jahre 1975. Im Hintergrund ein Train, bestehend aus Reisezugwagen der Deutschen Bundesbahn.

012118-6
79
3

;7)

1 505 mit einem Schnellzug nach Leipzig unterwegs, aufgenommen im Jahre 1963, als die Deutsche Reichsbahn die trecke Großkorbetha – Leipzig elektrifizierte. Als Fahrleitungsmontagewagen diente seinerzeit ein umgebauter ierachsiger Güterwagen, als Arbeitszuglokomotive war die Kö 4730 im Einsatz.

;6)

] Die 01 2118-6 vor einem Personenzug zwischen Gera und Saalfeld. Gleich hinter der Maschine laufen ein Expreßgut- vagen und der Gepäckwagen. Aufnahme vom Juli 1984 bei Gera-Röppisch.

(68)

Panorama der Gleisanlagen des Bahnhofs Gera Hbf, von Norden aus gesehen, links Besandungsanlage mit de 120 274-6, mit dem Tender zur Kamera gerichtet die 01 1518-8, mit der Rauchkammertür zur Kamera die ölgefeuert 44 0689-8, nach rechts daran anschließend die Richtungsgleise, dann die Ein- und Ausfahrgleise, ganz rechts im kn 67,2 eine 01 mit dem E 802 in Richtung Leipzig. Aufgenommen im Mai 1980.

P
58 2095
34a

70)

ignal Hf 2 für den schweren Ganzzug, beladen mit Zement aus dem Zementwerk Unterwellenborn, befördert von der lgefeuerten 44 0757-3, bei Durchfahrt durch den Bahnhof Gera Hbf in Richtung Zeitz, aufgenommen im Jahre 1975.

69)

◁ Auf der Elstertalbahn folgen Tunneldurchfahrten und Überquerungen der Elster auf Brücken ohne Unterlaß. Die 8 2095 verläßt in der Nähe des Bahnhofs Rentzschmühle den 88,3 m langen Steinicht-Tunnel. Aufnahme vom August 962.

119 009-9

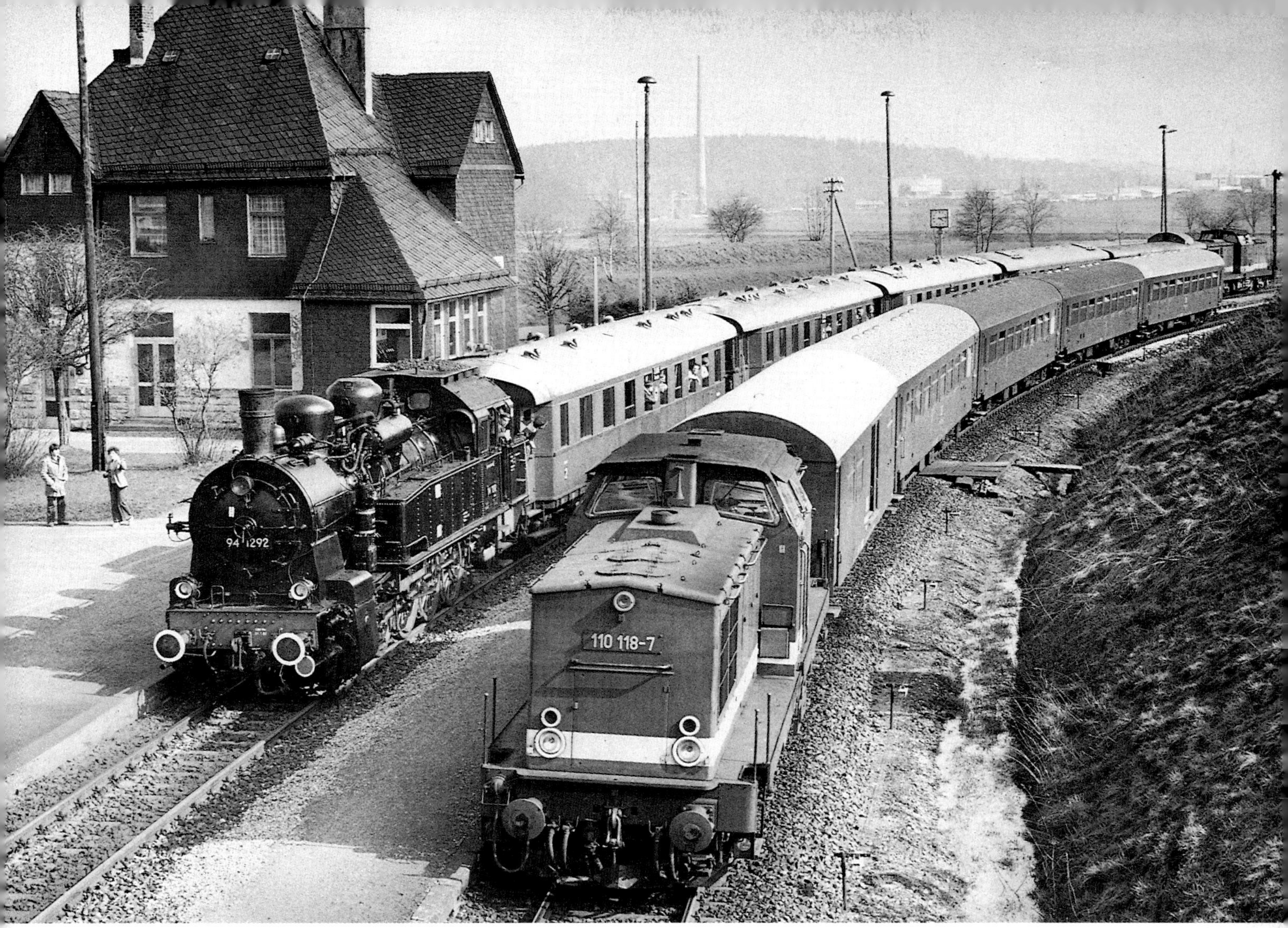

72)

m Bahnhof Unterlemnitz kreuzt der mit der Museumslokomotive 94 1292 bespannte Sonderzug mit dem fahrplan-näßigen Personenzug P 18 094 Lobenstein – Saalfeld (Saale), bespannt mit der 110 118-7. Aufnahme im April 1983.

71)

◁ Nachdem die Baureihe 95 aus dem Zugförderungsdienst auf der Strecke Saalfeld (Saale) – Sonneberg (Thür) ausge-schieden ist, übernahmen Diesellokomotiven der Baureihe 119 (Import aus der SR Rumänien) diese Dienste auf der andschaftlich schönen Strecke durch dunkle Fichtenwälder, im Anschnitt an Hängen entlang und über hohe Viadukte. Die 119 009-9 befördert ihren Personenzug Richtung Sonneberg (Thür) im August 1983.

DR
Bergbahn

74)

Oberweißbacher Bergbahn: das Pendant zur Bühne ist dieser reguläre Wagen, aufgenommen im Juli 1983.

73)

◁ Im Thüringer Wald betreibt die Deutsche Reichsbahn die steilste Seilzugbahn der Welt zur Beförderung normalspuriger Wagen, die Oberweißbacher Bergbahn. Sie führt mit 1800 mm Spurweite und einer Länge von 1,38 km bei einer Steigung von 1:4 (= 25%) von Obstfelderschmiede nach Lichtenhain an der Bergbahn und überwindet dabei einen Höhenunterschied von etwa 350 m. Die Bergbahn wird als Standseilbahn betrieben. An einem Ende des Seiles befindet sich ein Personenwagen, am anderen Seilende eine Förderbühne als Masseausgleich, die bei Bedarf in der Sommersaison einen Reisezugwagen, wie im Foto zu sehen, aufnehmen kann. In der Mitte der Strecke ist eine Ausweichstelle angeordnet, in der sich die Förderbühne und der Personenwagen begegnen.

KURSBUCHSTRECKEN 600–656

HALLE (SAALE), ERFURT, THÜRINGER BECKEN, THÜRINGER WALD, RHÖN

Bahnbetriebswerke: Halle P, Halle G, Lutherstadt Wittenberg, Erfurt, Eisenach, Arnstadt, Meiningen, Weißenfels

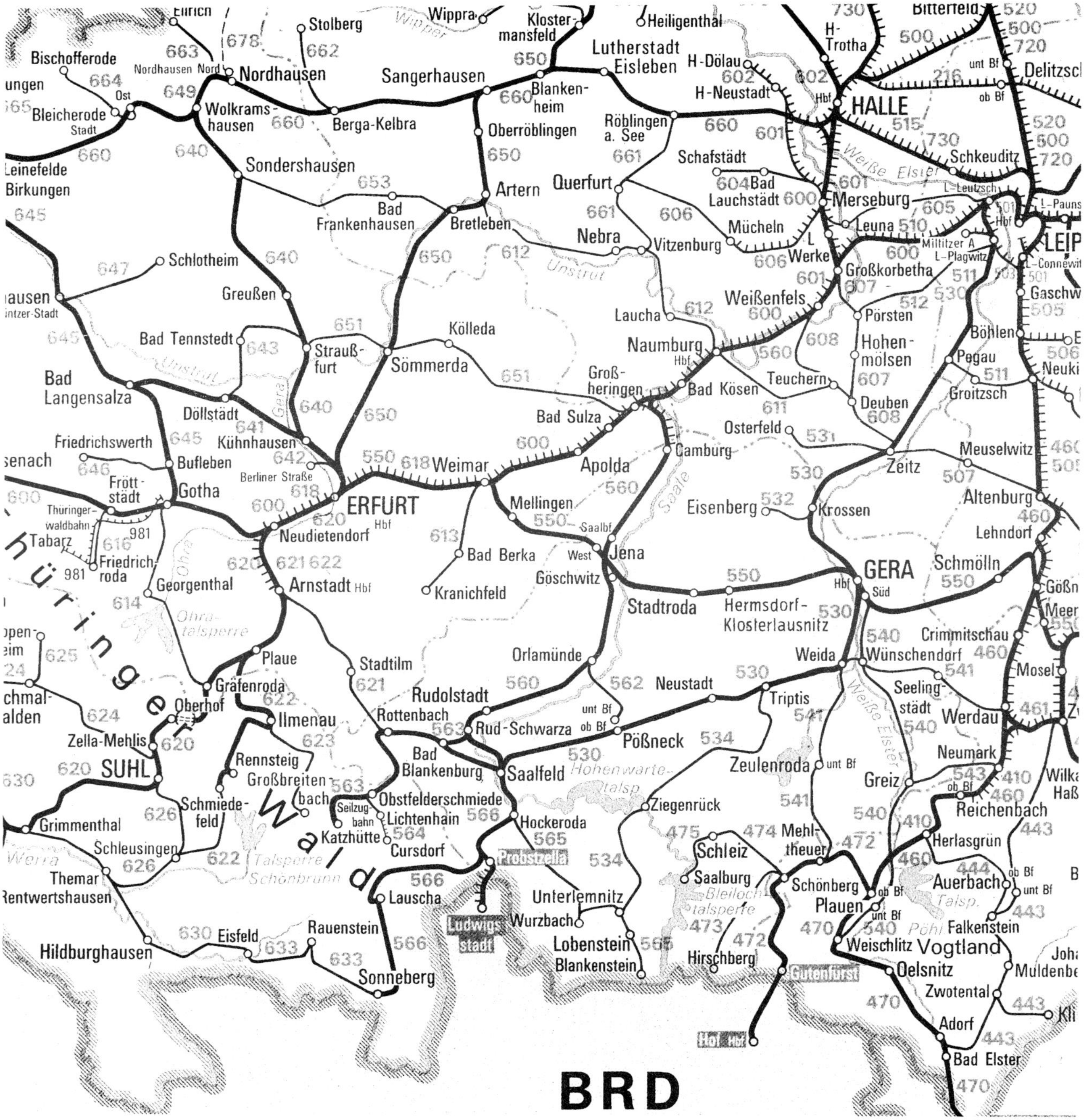

HALLE (SAALE), ERFURT, THÜRINGER BECKEN, THÜRINGER WALD, RHÖN

ieht man sich auf dem Bahnhof Halle (Saale) Hauptbahnhof um, so fallen in den durchfahrenden Güterzügen und in en auf dem Rangierbahnhof stehenden Wagengruppen vor allem Kesselwagen und eine große Vielfalt an Spezial- üterwagen auf – ein Zeichen für die hier ansässige chemische Industrie. Das tausendjährige Halle – als Salzsiederstadt egründet – ist heute das Zentrum der Chemieindustrie, die sich von Bitterfeld über Halle und Merseburg bis Leuna hin- ieht, einst auf der Basis der Braunkohle arbeitete, zu der in den 70er Jahren das Erdöl als Rohstoff hinzukam. In den roßbetrieben der Chemie arbeiten zigtausende von Beschäftigten, die zum größten Teil mit der Eisenbahn zwischen Vohn- und Arbeitsort fahren. Deshalb steht im Personenverkehr im Raum Halle der Berufsverkehr an erster Stelle. Von em als Wohnstadt für die Chemiearbeiter seit 1963 gebauten Halle-Neustadt (inzwischen mehr als 100 000 Einwohner) ihren Schnellbahnen nach Halle, Schkopau, Merseburg und Leuna. Von besonderer Bedeutung ist die S-Bahn Halle, ie mit U-förmiger Streckenführung Halle-Neustadt und Halle verbindet und das Naherholungsgebiet um Halle-Dölau benso anbindet wie das Zentrum von Halle und die Nordgebiete der Stadt in Halle-Trotha. Der Bahnhof Halle (Saale) auptbahnhof ist großer Umsteigebahnhof im Berufsverkehr, aber auch stark frequentiert im Reiseverkehr. Das aus en Jahren 1886/90 stammende Empfangsgebäude steht unter Denkmalschutz. Halle hat – bedingt durch den um- ıngreichen Gütertransport – einen großen *Rangierbahnhof*, der zu den leistungsstärksten bei der DR gehört. Von Halle us – es hatte 1840 mit der Strecke Magdeburg – Halle – Leipzig Eisenbahnanschluß erhalten, begann die Erschließung hüringens durch die ab 1846 in Teilabschnitten in Betrieb genommene Thüringische Eisenbahn über Weißenfels, aumburg, Apolda, Weimar, Erfurt und weiter über Gotha und Eisenach nach Gerstungen. So ist auch heute noch diese trecke mit der thüringischen Städtekette eine der Hauptmagistralen im *Streckennetz* der DR mit gleich hoher Bela- tung durch den Reise- und Güterverkehr. Infolge der vielfältigen und weit verbreiteten Industrie sowie der intensiv etriebenen Landwirtschaft und einer relativ großen Bevölkerungsdichte sind die drei thüringischen Bezirke Erfurt, era und Suhl auch gut von der Eisenbahn erschlossen. Auf die zweigleisige, elektrifizierte Stammstrecke, die Thürin- ische Eisenbahn, treffen Hauptbahnen aus Saalfeld (Saale), Gera – Jena, Magdeburg/Halle – Sangerhausen, Nord- ausen, Leinefelde, Meiningen und Suhl, Nebenbahnstrecken von gleicher Länge wie die Hauptbahnen stellen Ver- indungen zwischen den Hauptbahnen her und erschließen insbesondere den Thüringer Wald, der seinerseits von iner Hauptbahn und zwei Nebenbahnen überquert wird. Eine Fahrt auf diesen drei Strecken, die mit über die steilsten treckenabschnitte im Netz der DR verfügen, gehört zu den schönsten Erlebnissen bei Eisenbahnreisen in Thüringen, ei es von Erfurt über Arnstadt und Oberhof nach Meiningen (der Hauptbahnstrecke mit Schnellzugverkehr), oder von laue (Thür) über Ilmenau nach Schleusingen oder von Saalfeld (Saale) über Lauscha (Thür) und Sonneberg (Thür) ach Eisfeld. Auf der Thüringer-Wald-Strecke über Oberhof gibt es übrigens mit dem 3038 m langen Brandleitetunnel en längsten Eisenbahntunnel im Netz der DR. Größte Stadt und zugleich auch größter Eisenbahnknoten an der hüringischen Eisenbahn ist Erfurt, die mehr als 1200 Jahre alte, frühe Handels- und ehemalige Universitätsstadt, heute ndustriestadt und Zentrum des Gartenbaus und der Samenzucht. Sehenswert neben dem heutigen Hauptbahnhof ist as Gebäude der Reichsbahndirektion Erfurt, einst das Empfangsgebäude des Bahnhofs Erfurt, in gotisierenden ormen gebaut mit einem asymmetrischen Uhrturm. Erfurt berühren im Reiseverkehr internationale Schnellzüge und ie Städte-Expreßzüge ebenso wie die Züge des regionalen Berufsverkehrs und Urlauber- und Touristenverkehrs, im ütertransport internationale Schnellgüterzüge – bekannt als TEEM –, Durchgangsgüterzüge, Containerzüge und ahgüterzüge. Der Erfurter Rangierbahnhof – ausgestattet mit moderner Rangiertechnik – gehört mit zu den größten n Netz der DR.

o große Brücken wie zwischen Dresden und Plauen (Vogtland) gibt es auf der Thüringischen Eisenbahn zwar nicht, afür aber sehr viele – zwischen Halle und Großheringen wird die Saale immerhin 9mal überquert – und vor allem sehr lte Brücken, teils mit mehr als 140 Jahren! Eine ausgesprochene Brückenfahrt ist die im Thüringer Wald von Saalfeld Saale) nach Sonneberg (Thüringen) durch die herrlichen Fichtenwälder des Thüringer Waldes.

(75)
Im südlichen Vorfeld des Bahnhofs Halle (Saale) Hauptbahnhof steht dieses markante Brückenstellwerk, das gerade von einer Rangiereinheit mit Postwagen passiert wird.

Zwei Besonderheiten hat die Eisenbahn in Thüringen noch aufzuweisen: die – zwar nicht der Deutschen Reichsbahn unterstehende – Thüringerwaldbahn, die als Straßenbahn von Gotha nach Waltershausen/Tabarz führt, und die Oberweißbacher Bergbahn, die steilste Bahn der Welt, auf der normalspurige Eisenbahnwagen verkehren. Sie führt von Obstfelderschmiede (an der Strecke Rottenbach – Katzhütte) nach Lichtenhain an der Bergbahn.

76)

uhepause im Schuppen 4 des Bahnbetriebswerks Halle (Saale) P für drei Stars unter den Dampflokomotiven der eutschen Reichsbahn, aufgenommen im Jahre 1967. In der Mitte die 18 201, die aus der ehemaligen 61 002 entstand nd ab 1961 als Schnellfahrlokomotive im Versuchs- und Meßbetrieb, aber auch im D- und E-Zugdienst, in den Tiebfahr-eugpark der Deutschen Reichsbahn eingereiht wurde, neben ihr die 19 015, eine ehemalige sächsische XX HV, die 1964 ls Reko-Lokomotive umgebaut wurde, auf der anderen Seite mit dem Tender zur Drehscheibe die 22 001, die ihren ender von der auf Kohlenstaubfeuerung umgebauten 25 001 erhalten hatte. Sowohl die 19 015 als auch die 22 001 ienten der Versuchs- und Entwicklungsstelle der Deutschen Reichsbahn in Halle viele Jahre als bewährte Brems-okomotiven im Meßwesen.

(77)

Das waren noch Zeiten in Halle (Saale) Hauptbahnhof: 01 529 mit dem D-Zug in Richtung Berlin, aufgenommen im Jahre 1967, fährt von Bahnsteig 5 aus der Bahnsteighalle aus.

(78)

Sauberes »Gesicht« für die V 180 047 im Schuppen 4 des Bahnbetriebswerks Halle (Saale) P. Die Maschine stammt ▷ aus der ersten Serie von Großdiesellokomotiven aus der Produktion des damaligen VEB Lokomotivbau »Karl Marx« Babelsberg (Baujahr 1964, Fabrik-Nummer 275 047), aufgenommen im Juni 1969. Die Lokomotive erhielt inzwischen anstelle ihrer 2x900 PS-Motoren eine Maschinenanlage von 2x1000 PS und trägt nun die Betriebsnummer 118 547

0 047

(79)
Eine 44er – wie sie leibt und lebt, vor dem Schuppen des Bahnbetriebswerkes Halle P, die 44 0616-6 als ölgefeuerte Maschine. Aufnahme von 1979.

ɜ0)

ußerst selten eine solche Garnitur vor die Kamera zu bekommen: Meßzug des seinerzeitigen Instituts für Eisenbahn-
'esen, bestehend aus dem Versuchs-Triebfahrzeug 243 001-5 (von den Eisenbahnern als »Weiße Lady« ob ihrer
bweichenden Farbgebung von der anderer elektrischer DR-Lokomotiven so benannt), dem Meßwagen 1 für leistungs-
ɜchnische Erprobungen von elektrischen Lokomotiven und 2 Bremslokomotiven der Baureihe 130. Aufnahme in Halle
ɔm August 1984.

МОРФЛОТ

82)

Auf der Thüringischen Eisenbahn im Jahre 1974: Die elektrische Lokomotive 242 138-6 befördert einen Durchgangsgüterzug auf der zweigleisigen elektrifizierten Hauptbahn in Richtung Erfurt. Auf dem im Zusammenhang mit der Elektrifizierung 1967 neu errichteten Kreuzungsbauwerk führt die eingleisige Nebenbahn Großheringen – Straußfurt – im Volksmund auch Pfefferminzbahn wegen des an der Strecke üppig wachsenden Pfefferminzkrautes so genannt – über die Hauptbahn hinweg.

81)

◁ Im Ballungsgebiet Halle (Saale)/Leipzig besteht umfangreicher Güterverkehr, vor allem mit Kohle, Chemikalien, Benzin, Teer usw. Im Hintergrund ein Teil der Anlagen der Leuna-Werke »Walter Ulbricht«. Aufnahme vom September 1987.

212 001-2

84)

Typischer Eisenbahnbetrieb auf der 1967 wieder elektrifizierten Saalebahn bis Camburg, aufgenommen im Jahre 1971 an der Blockstelle Stöben: die 242 121-2 mit Güterzug passiert Signal Hf 1 vor dem originellen Fachwerk-Stellwerksgebäude der Blockstelle mit beschranktem Wegübergang und Spanngewichten für das Bedienen des weit entfernt liegenden Blocksignals für den Betrieb in Richtung Großheringen/Bad Kösen.

83)

◁ Wegen ihrer auffallenden weißen Farbgebung ging der Prototyp der elektrischen Lokomotive der Baureihe 212, die 212 001-2, unter dem Beinamen »Weiße Lady« in den Sprachgebrauch der Eisenbahner bei der DR ein. Im Juli 1983 stand sie nach erfolgreich absolvierter Meßfahrt vor dem kleinen Ellok-Schuppen des Bahnbetriebswerks Weißenfels. Nach Änderung der Getriebeübersetzung und damit Reduzierung der Höchstgeschwindigkeit von 140 km/h auf 120 km/h erhielt die Maschine die Betriebsnummer 243 001, als solche verkehrte sie bis 1987 und ist seitdem im Herstellerwerk, wo sie als Versuchsmaschine für die Drehstromantriebstechnik hergerichtet wird.

(86)
Viel zu begucken gab es an der 86 6009 für die vielen Gäste zum Jubiläum »100 Jahre Saal-Unstrut-Bahn« im Bahnhof Großheringen im Jahre 1974. Die 89 6009 war ursprünglich eine Tenderlokomotive. Sie erhielt ihren aus Altbeständen aufgearbeiteten Schlepptender erst 1953, um den Aktionsradius zu vergrößern. Das kam natürlich ihrem Einsatz als betriebsfähige Museumslokomotive zugute. Wegen ihres hohen Schornsteins, typisch für das Aussehen der Lokomotiven um die Jahrhundertwende, ist die Maschine häufig nützliches Requisit für Filmaufnahmen.

(85)
◁ An der Saale hellem Strande stehen Burgen stolz und kühn – die Rudelsburg bei Bad Kösen diente dem Fotografen als Podest für den Blick 90 m tief hinunter ins Saaletal, in dem eine 242er E-Lok ihren Personenzug in Richtung Naumburg befördert. Viel Post und Gepäck dabei. Die über 140 Jahre alten Saalebrücken tragen nach ihrer Rekonstruktion ein bedeutendes Mehr an Zuglasten auf der mit am dichtesten belegten Strecke der DR. Juni 1976.

88)

:um MOROP-Kongreß mit Fahrzeugschau und Sonderfahrten führte die Museumslokomotive 65 1049-9 der Deutchen Reichsbahn zahlreiche Sonderzüge an, hier abfahrbereit im Erfurter Hauptbahnhof. Aufnahme August 1987.

87)

◁ Signal Hf 2 für einen ausfahrenden Güterzug aus dem Bahnhof Apolda in Richtung Weimar, bespannt mit der elektri-:chen Lokomotive 242 246-7. Aufnahme vom Oktober 1977.

(89)

Beides typisch für den Thüringer Raum: Düngemittelganzzug und im Hintergrund die Wartburg bei Eisenach. Aufnahme von 1978.

(90)

Portal des mit 3039 m längsten Tunnels der Deutschen Reichsbahn, des Brandleitetunnels bei Oberhof. Die ▷ 132 042-3 kommt gerade aus dem Tunnel und fährt in den Bahnhof Oberhof ein. Die Aufnahme entstand im Jahr 1974, als der Tunnel einer grundlegenden Rekonstruktion bei laufendem Eisenbahnbetrieb unterzogen wurde und deshalb am Portal auch die eigenartige Verkleidung trägt.

132 042-3

119 022-2

ʾ2)

/o das Sonderfahrtenprogramm der Deutschen Reichsbahn größere Veranstaltungen vorsieht, ist die betriebsfähige
luseumslokomotive 03 1010-2 der Deutschen Reichsbahn fast immer in tadellosem Pflegezustand dabei. Die ehemals
ıit Stromlinienverkleidung versehene Maschine war bei der Versuchs- und Entwicklungsstelle der Maschinenwirt-
chaft als Bremslokomotive im Einsatz und fuhr auch internationale Schnellzüge zwischen Berlin und Saßnitz Hafen.

ʾ1)

1 Allenthalben bei Eisenbahnfotografen ein »weltbekannter« Standort: die Straßenbrücke über die Gleisanlagen des
ahnhofs Saalfeld (Saale) in der Nähe des Bahnbetriebswerks – allenthalben ein »weltbekannter« Blick, doch immer
ieder mit neuem Geschehen. Im März 1981 hat die 44 0221-6 mit ihrem Güterzug Ausfahrt auf Hf 2 in Richtung Jena –
inen mächtigen Rauchpilz aus dem Schornstein ins Tal aufsteigen lassend; im Gelände des Bw wartet die Diesellok
9 022-2 auf Signal Ra 12.

KURSBUCHSTRECKEN 660–691

HALLE (SAALE), DESSAU, FLÄMING, SÜDHARZ

Bahnbetriebswerke: Nordhausen, Roßlau (Elbe), Röblingen am See, Sangerhausen, Wernigerode

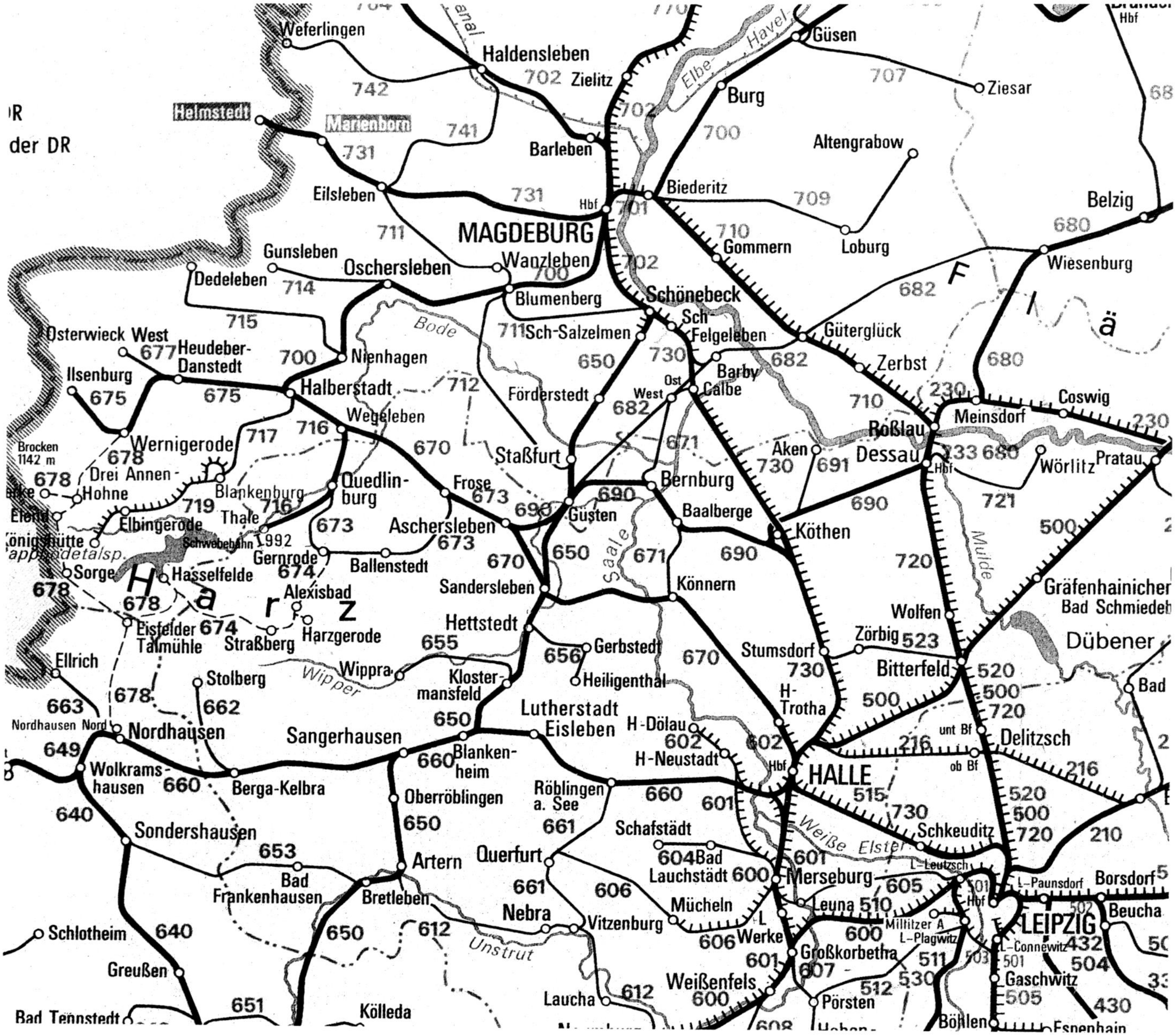

HALLE (SAALE), DESSAU, FLÄMING, SÜDHARZ

er Streckenabschnitt Halle (Saale) – Magdeburg gehört – nur ein Jahr später als die erste deutsche Ferneisenbahn eipzig – Dresden eröffnet, mit seiner Inbetriebnahme im Jahre 1840 zu den frühen deutschen Eisenbahnstrecken, was ıre schon seinerzeitige große Bedeutung für den Handel zwischen diesen beiden Städten kennzeichnet, und auch eute ist dieser Abschnitt sehr dicht belegt mit Reise- und Güterzügen sowohl des Regional- als auch des Fernverkehrs. 'on nicht geringer Bedeutung sind die Strecken, die Halle (Saale) über Bitterfeld mit Berlin, mit Dessau – Roßlau (Elbe), ıit Halberstadt und mit Nordhausen – Heiligenstadt verbinden, da sie durchweg stark industrialisierte Gebiete, auch ıit intensiver Landwirtschaft durchsetzt, erschließen und gleichfalls starken Durchgangsverkehr aufzuweisen haben. en Charakter des *Streckennetzes* bestimmen mit überdurchschnittlichem Anteil die Hauptbahnen, während die ebenbahnen – meist als Stichbahnen betrieben – lokale Bedeutung haben. Nicht nur südlich von Halle mit den Werken una und Leuna, sondern auch nördlich der Stadt ist unter den Industriezweigen die Chemie führend, so ansässig in itterfeld mit dem Chemischen Kombinat, in Wolfen mit Farbenfabrik und Fotochemischem Kombinat, in Greppin mit em Waschmittelwerk, in Lutherstadt Wittenberg mit dem Düngemittelkombinat und dem Gummiwerk, in Coswig mit em Chemiewerk und in Rodleben mit dem Hydrierwerk. Hinzu kommen die Kali- und Steinsalzindustrie in Bernburg nd Staßfurt sowie in den Revieren des Südharzes mit Sondershausen, Bleicherode, Menterode und Bischofferode. 'on großer Bedeutung im Eisenbahnverkehr dieses Gebietes sind der Doppelknoten Dessau/Roßlau (Elbe) mit den ich verzweigenden Strecken aus Köthen, Bitterfeld, Magdeburg, Berlin und Lutherstadt Wittenberg sowie der Kreuungsbahnhof Bitterfeld. Auf Grund der großen Bevölkerungsdichte der Industriegebiete und der vielen Pendler ereben sich täglich ausgeprägte Verkehrsspitzen im Berufsverkehr.
uf der Strecke Halle (Saale) – Sangerhausen liegt bei Blankenheim der mit 875 m Länge drittlängste Tunnel im Strekennetz der DR. Eisenbahnbrücken gibt es in diesem Raum sehr zahlreiche; die größten: über die Elbe bei Lutherstadt Vittenberg, bei Barby sowie zwischen Dessau und Roßlau (Elbe), über die Saale bei Könnern, in Bernburg und bei Calbe Saale), über die Mulde bei Muldenstein und bei Dessau.

120 017-9

(93)

Der Bahnhof Aschersleben gehört als Abzweig- und Kreuzungsknoten zum westlichen Bahnhof des Streckendreiecks Güsten – Aschersleben – Sandersleben (Anhalt). Der Güterverkehr wird auf einem zweiseitigen Rangierbahnhof abgewickelt, im Bild sind die Richtungsgleise für Züge in Richtung Halberstadt dargestellt. Die 120 017-9 bringt einen Zug aus Halberstadt, die zweiteilige Triebwagengarnitur mit dem 172 148-9 setzt gerade um. Aufnahme vom August 1980.

(94)

Im Vorfeld des Bahnhofs Aschersleben im August 1980. Der Eisenbahnknoten liegt an der eingleisigen Hauptbah Halberstadt – Halle (Saale) und ist Endbahnhof der zweigleisigen Hauptbahn von Dessau über Köthen. Reger Güte verkehr – täglich sind 32 Güterzüge aufzulösen und 25 zu bilden. Die 50 3708-0 hat soeben ihren Güterzug abgestel und fährt zum Bahnbetriebswerk zur Ergänzung der Vorräte.

(95)

m Bahnhof Nordhausen Nord auf der 1000-mm-Schmalspurbahn in den Harz: Ausfahrt für die 99 7243-1 mit dem
P 14 414 nach Hasselfelde. Aufnahme vom März 1988.

(96)

Der P 14 403, befördert von der 99 7236-5, hat Einfahrt in den Bahnhof Benneckenstein – aus Richtung Wernigerode kommend. Sommers wie winters sind durch die vielen Urlauber im Harz die Züge der Harzquerbahn immer stark belegt wobei das Zugpersonal ein Auge zudrückt angesichts der zahlreichen Reisenden, die einen Teil der Fahrt auf den Plattformen der Wagen miterleben wollen. Die bullige 1E1 h2-Maschine, gebaut 1955 vom seinerzeitigen VEB Lokomotivbau »Karl Marx« Babelsberg im Jahre 1955 unter der Fabrik-Nummer 134 013 ist übrigens seit 1973 auf der Harzquerbahn im Einsatz, zuvor stand sie im Dienst im Thüringer Wald auf der Strecke nach Eisfeld.

97)
it kräftigen Auspuffschlägen zieht die 99 0238-8 zwischen Steinerne Renne und Drei Annen Hohne auf der Harzquer-
ahn ihren Zug ständig bergauf. Dieser Streckenabschnitt ist für das Lokpersonal und für die Maschine der schwerste,
ir die Reisenden auf der Harzquerbahn aber der schönste. Auf 8 km Strecke muß der Zug einen Höhenunterschied von
34 m überwinden, zwängt sich dabei von Gleisbogen durch Gleisbogen – insgesamt 16 mal!

99 7235-7

99)

.eider seit einigen Jahren nicht mehr zu fotografieren: die bekannte Doppelausfahrt auf der Selketalbahn aus dem ;ahnhof Alexisbad. Während die 99 5903 mit ihrem Zug nach Straßberg fährt, muß die 99 5904 mächtig Dampf auf- nachen für die steigungsreiche Strecke hinauf nach Harzgerode.

98)

◁ Zug der Harzquerbahn im Licht der Herbstsonne bei Benneckenstein, auf der Fahrt in Richtung Nordhausen Nord.)en P 14 403 führt an diesem Oktobertag des Jahres 1987 die 99 7235-7 des Bahnbetriebswerks Wernigerode Vesterntor.

995902-4

01)

Venige Minuten später auf dem Streckenabschnitt nach Harzgerode fotografiert: Kraftvoll legt sich die Mallet-Maschi-
e in die engen Gleisbögen um die Felspartien herum.

00)

◀ Die 99 5902-4 – hier aufgenommen im Bahnhof Alexisbad im August 1984 – hat schon viele Jahre »auf dem Buckel«:
397 erblickte sie bei Jung/Jungenthal das Licht der Welt, stand im Dienst bei der Nordhausen-Wernigeroder Eisen-
ahn und kam 1956 zur Selketalbahn.

STIEGE

03)

on Stiege nach dem Endbahnhof Hasselfelde am sonnigen Februarmittag des Jahres 1988 führt die 99 7946-4 den 14 414 über die Harzhochfläche bei Stiege.

02)

1 Bahnhof Stiege im Februar 1988: Der Güterverkehr spielt auf der Selketalbahn seit ihrer wiederhergestellten Verbin-ung zur Harzquerbahn eine steigende Rolle: Normalspurgüterwagen auf Rollwagen sind im Einsatz.

KURSBUCHSTRECKEN 700–766

MAGDEBURG, BÖRDE, HAVELLAND, HARZ, ALTMARK

Bahnbetriebswerke: Magdeburg, Brandenburg (Havel), Blankenburg (Harz), Güsten, Halberstadt, Haldensleben, Jerichow, Oebisfelde, Salzwedel, Stendal

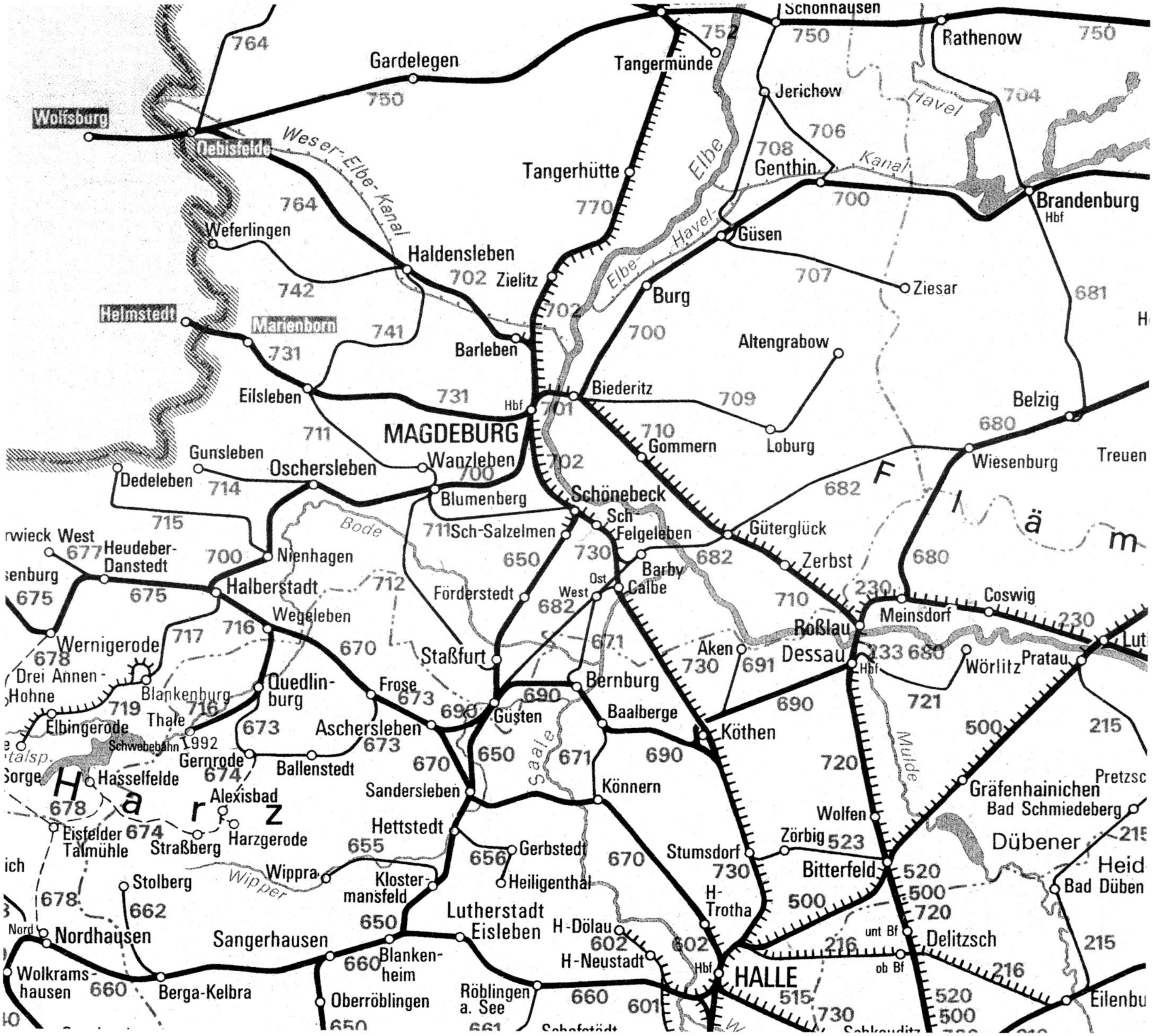

MAGDEBURG, BÖRDE, HAVELLAND, HARZ, ALTMARK

agdeburg und die Börde werden meist in einem Atemzuge genannt, die alte Handelsstadt gab diesem fruchtbaren andwirtschaftsgebiet auch den Namen, so daß die Magdeburger Börde weit bekannter ist als allgemein vermutet. agdeburg selbst aber ist vor allem bekannt als die Stadt des Schwermaschinenbaus; Chemieanlagen, Dieselmotoren, rane und Bagger, Walzwerks- und Erdölanlagen nehmen von hier aus ihren Weg in die Welt. Zudem ist in Magdeburg er größte Binnenhafen der DDR zu finden. Mit der Eisenbahn begann es in Magdeburg schon sehr frühzeitig: bereits 340 konnte man von hier über Halle (Saale) bis nach Leipzig reisen. An diese Frühzeit des Eisenbahnwesens erinnert och heute ein »Eisenbahntor«, durch das die Bahnstrecke in die einstige Festungsstadt führte. Ebenso interessant weist sich das Empfangsgebäude des Magdeburger Hauptbahnhofs, das 1874 von der Berlin-Potsdam-Magdeburger isenbahn erbaut wurde und durch seine klassischen Neorenaissanceformen sowie durch seinen Portalvorbau beein-ruckt. Er ist der größte Personenbahnhof in dieser Region. Noch mehr hat Magdeburg für Eisenbahnfreunde aufzuwei-en: die alte Hubbrücke über die Elbe, die unter Denkmalschutz steht, die S-Bahn von Schönebeck-Salzelmen längs urch die Stadt über den Hauptbahnhof bis nach Zielitz im Norden, bekannt durch sein großes Kaliwerk, und schließlich e beiden großen Rangierbahnhöfe: Magdeburg-Rothensee im Norden und Magdeburg-Buckau im Süden.

en Charakter des *Streckennetzes* um Magdeburg bestimmen die Hauptbahnen aus den Richtungen Berlin, Roßlau lbe), Halle (Saale), Erfurt, Halberstadt, Marienborn und Wittenberge, während die Nebenbahnen an einigen Stellen e Verbindungen zwischen Städten und Gemeinden an den Hauptbahnen herstellen bzw. als Stichbahnen bestehen. uf den Hauptbahnen haben Reise- und Güterverkehr nahezu gleiche Anteile. Während der Binnenreiseverkehr ein-eutig auf Magdeburg und auf den Harz als Ferien-, Kur- und Erholungsgebiet sowie in Nord-Süd-Richtung (als Durch-angsverkehr) orientiert ist, herrscht im internationalen Verkehr die Ost-West-Richtung vor, die über die beiden auch em Transitverkehr dienenden Strecken Berlin – Magdeburg – Marienborn und Berlin – Stendal – Oebisfelde läuft. Über e fließen auch die Transitgüterströme im Ost-West-Verkehr. Insgesamt ist der Raum Magdeburg von der Eisenbahn ut erschlossen, das trifft sogar auf den Harz zu. Die Hauptbahnen umgehen ihn zwar, doch eine Schmalspurbahn, die arzquer- und Brockenbahn, die typischste Gebirgsbahn in der DDR, erschließt dieses im Brocken bis 1142 m hohe Mit-elgebirge. In 1000 mm Spurweite angelegt, führt die Strecke von Wernigerode über Drei Annen Hohne (hier Abzweig ach Schierke) und Benneckenstein nach Nordhausen Nord. Die ältere Schmalspurbahn im Harz ist jedoch – auch in 000 mm Spurweite ausgeführt – die Selketalbahn von Gernrode (Harz) über Alexisbad nach Harzgerode bzw. über traßberg und Stiege nach Hasselfelde bzw. Eisfelder Talmühle, wo Anschluß an die Harzquerbahn besteht.

chließlich erschließt den Harz noch eine bedeutende Bahnstrecke, die Rübelandbahn von Blankenburg (Harz) nach önigshütte. Sie ist hauptsächlich vom Gütertransport in Anspruch genommen, nämlich zum Abtransport des in den ruben um Rübeland und Elbingerode gewonnenen Kalks und Schwefelkieses in die chemischen Betriebe Buna-erke Schkopau und Stickstoffwerk Piesteritz. Aber auch für den Personenverkehr hat sie große Bedeutung, vor allem Berufs- und im Touristenverkehr. Da die Strecke in den sechziger Jahren an der Grenze ihrer Leistungsfähigkeit ange-ngt war, entschloß sich die DR zur Elektrifizierung, die – da es sich um einen Inselbetrieb handelt – in 25 kV/50 Hz aus-eführt wurde. Seit 1966 verkehren hier die schweren Kalkzüge, gefördert von den elektrischen Lokomotiven der Bau-ihe 251 (ex E 251). Auf der Rübelandbahn liegt nahe Rübeland die bedeutendste Eisenbahnbrücke im Harz, der 30 m ohe und 100 m lange Kreuztal-Viadukt (auch als Krockstein-Viadukt bekannt), zu beiden Seiten schließen sich zwei unnel an. Den einzigen Tunnel auf einer Schmalspurstrecke der DR gibt es auf der Harzquerbahn zwischen Steinerne enne und Drei Annen Hohne, der – mit 70 m Länge angegeben – unter dem Felsen des Kleinen Thumkuhlenkopfes ndurchführt.

(104)

Im Stil eines toskanischen Palazzo in den Jahren 1880/82 erbaut – das heutige Empfangsgebäude des Magdeburg
Hauptbahnhofs (früher das Bahnhofsgebäude der Magdeburger-Halle-Leipziger-Bahn). Aufnahme vom Juli 1988.

05)

ier »riecht« es nach Industrie – auf dem Rangierbahnhof des Bahnhofs Roßlau (Elbe). Chemie, Dieselmotorenbau, der lbhafen und die Industrie der Dessauer Betriebe bestimmen die Transportgüter der Güterzüge auf dem Rangierahnhof.

(106)

Historisches Foto vom 1. September 1955: Die E 44 051 führt den Eröffnungszug zur Inbetriebnahme der ersten nac
dem zweiten Weltkrieg elektrifizierten Strecke Halle (Saale) – Köthen.

(107)

Die größte Eisenbahnbrücke des Harzes liegt vor dem Ortseingang Rübeland im Verlauf der Rübelandbahn von
Blankenburg (Harz) nach Königshütte – der 29,16 m hohe und 99 m lange Krockstein- oder Kreuztalviadukt, gebaut i
Jahre 1930. Nach ihrer Elektrifizierung in den Jahren 1961/65 mit 50-Hz-Einphasenwechselstrom befördern nun elektr
sche Lokomotiven der Baureihe 251 der DR die bis zu 1500 t schweren Kalkzüge talwärts, die einst von den legendäre
Dampflokomotiven der Tierklasse befördert wurden. In reizvoller Umgebung zwischen zwei Tunneln gelegen, mac
das schlanke Bauwerk einen ästhetischen Eindruck.

(108)

Eine von zehn elektrischen Museumslokomotiven der DR, die E 77 10, wurde als betriebsfähige Museumslokomotive der Öffentlichkeit erstmals auf der Ausstellung »30 Jahre DDR, 50 Jahre Raw Dessau, 100 Jahre elektrische Lokomotiven« im September 1979 in Dessau Süd gezeigt, nachdem sie auf der Fahrzeugausstellung im August 1971 in Radebeul Ost noch im nicht betriebsfähigen Zustand zu sehen war. Die im Jahre 1924 von Krauss in München gebaute und zunächst als EG 3 22010 bezeichnete Maschine war beim Bahnbetriebswerk München beheimatet und siedelte nach ihrer Umbenennung in E 77 10 nach Augsburg um, bevor sie 1943/44 in den mitteldeutschen Raum kam. Auch nach ihrer tadellosen Aufarbeitung im Bahnbetriebswerk Dresden kann die Maschine ihre bayerische Abstammung nicht verleugnen.

(109)

Die neueste elektrische Lokomotive der Deutschen Reichsbahn: Baureihe 230, die Zweisystemlokomotive für den Einsatz auf den Strecken der DR im 16 2/3-Hz-Wechselstromsystem und auf den Strecken der Tschechoslowakischen Staatsbahnen unter 3-kV-Gleichstrom. Sie ist für die Beförderung der Züge im grenzüberschreitenden Verkehr DDR – CSSR vorgesehen. Aufnahme vom Juni 1988 in Dessau im Prüfinstitut. ▷

230 001-0

(110)
Die Altbau-Ellok 244 051-9 des Bahnbetriebswerks Leipzig Hbf West aus Richtung Dessau kommend bei Einfahrt in den Güterbahnhof Roßlau (Elbe) mit einem Durchgangsgüterzug, aufgenommen im Juni 1980. Die rechts hinten im Foto abzweigende doppelgleisige Strecke führt in Richtung Magdeburg.

(11)

ach Fertigstellung der Herrenkrugbrücke über die Elbe bei Magdeburg fand im Sommer 1979 die Belastungsprobe tatt, an der die beiden 132er und andere Diesellokomotiven beteiligt waren. Die Brücke wurde dann am 14. September 979 in Betrieb genommen.

KURSBUCHSTRECKEN 770–785, 800–815

SCHWERIN (MECKL), MECKLENBURGISCHE SEENPLATTE, WESTLICHES MECKLENBURG

Bahnbetriebswerke: Schwerin (Meckl), Hagenow, Wismar, Wittenberge, Neuruppin

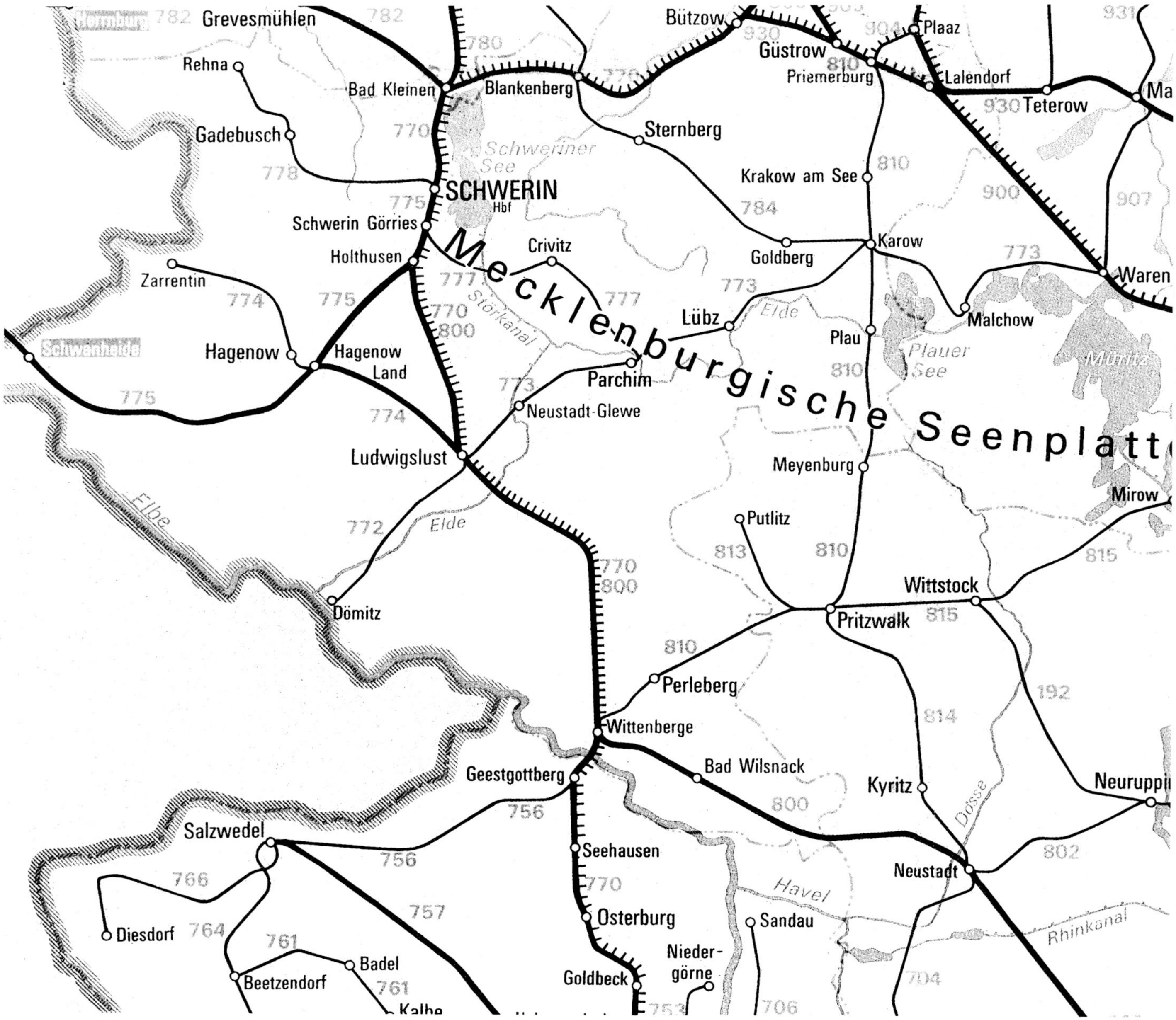

SCHWERIN (MECKL), MECKLENBURGISCHE SEENPLATTE, WESTLICHES MECKLENBURG

ie einstige mecklenburgische Residenz- und Landeshauptstadt Schwerin – am Westrand der Mecklenburgischen
eenplatte und direkt am Schweriner See gelegen, wird seit altersher als »Stadt der Seen und Wälder« bezeichnet, als
eutige Bezirksstadt hat aber die Industrie stark Einzug gehalten, so daß sie sich zum Zentrum des Agrar-Industrie-
ezirks entwickelte.

isenbahnverbindungen erhielt es sehr frühzeitig, 1847 nach Hagenow, 1848 nach Wismar, 1850 nach Rostock. Das
isenbahnnetz weist keine sehr große Dichte auf. Den Charakter des *Streckennetzes* bestimmen die Hauptbahn von
agdeburg/Berlin nach Wismar und die Hauptbahn von Rostock über Bad Kleinen nach Herrnburg als Grenzüber-
angsbahnhof in Richtung Lübeck. Das überwiegend landschaftlich genutzte Gebiet des westlichen Mecklenburgs
ird von Nebenbahnen ausreichend erschlossen, nachdem in den 60er Jahren zahlreiche noch bis dahin bestehende
chmalspurbahnen ihren Betrieb eingestellt haben. Größte Eisenbahnknoten in diesem Gebiet sind Bad Kleinen und
ittenberge, die von großen Verkehrsströmen (Reisende und Güter) sowohl in Nord-Süd- als auch in Ost-West-Rich-
ng berührt werden. Die Bezirksstadt Schwerin selbst hat vor allem im Reiseverkehr Bedeutung, in erster Linie im Fern-
eiseverkehr. Über die Nord-Süd-Verbindung von Rostock bzw. Wismar über Schwerin und Wittenberge nach Magde-
urg – seit 1987 vollständig elektrifiziert – laufen starke Güterströme in beiden Richtungen; nach Norden Exportgüter
um Seehafen Rostock, Kali zum Hafen Wismar und Zulieferungen für den Schiffbau in Wismar, Rostock und Warne-
ünde; nach Süden: Importgüter aus dem Seehafen Rostock, Öl aus dem Hafen Wismar, landwirtschaftliche Produkte.
ie größte Eisenbahnbrücke in diesem Gebiet führt über die Elbe bei Wittenberge. Anstelle der alten, im zweiten Welt-
rieg beschädigten Brücke wurde im Jahre 1987 eine neue zweigleisige Fachwerkbrücke dem Verkehr übergeben, mit
30 m die längste Eisenbahnbrücke in der DDR.

(112)

Nach dem Vorbild des französischen Bahnhofs Cambrai entstand das Empfangsgebäude des Schweriner Hauptbahn hofs in den Jahren 1888/89, wie sich auch das Schweriner Schloß an französische Architekturvorbilder anlehnt. De Schweriner Bahnhof in klassizistischer Form, mit Renaissance- und Barockformen ausgestattet, ist eines der wenige im Zustand des ausgehenden 19. Jahrhunderts erhaltenen großen Empfangsgebäude. Aufnahme von 1984.

(13)
inweihung der neuen 1200 m langen Brücke über die Elbe bei Wittenberge und zugleich Aufnahme des durchgehenen elektrischen Zugbetriebs zwischen Wittenberge und Magdeburg am 26. September 1987.

(114)

Als es in Bad Kleinen noch mächtig dampfte, zog die 44 0412-5 ihren Ganzzug aus Lübeck in Richtung Schwerin (Meckl) 1978 fuhr die kräftige 44er noch mit Ölfeuerung. Im Hintergrund an die Bahnhofsanlagen anschließend der Schwerine See.

(115)

Die 99 593 ist von ihrer Herkunft her ein »Sachse«, denn die Maschine wurde 1913 von Hartmann (Chemnitz) gebaut und war in Kirchberg beheimatet, bis sie schließlich zu den Priegnitzer Kreiskleinbahnen kam und hier bis zu ihrer Verschrotung 1971 im Dienst stand. Die Aufnahme stammt aus dem Jahre 1969.

(116)

Der »Molli« – so wird die Schmalspurbahn zwischen Bad Doberan und Kühlungsborn liebevoll genannt – steht – bespannt mit der 99 2322-8 – abfahrbereit im Bahnhof Kühlungsborn West. Auffallend die 12 Wagen umfassende Garnitur, denn sommers wie winters besteht auf dieser Schmalspurbahn ein nahezu gleich großes Verkehrsaufkommen, so daß die Eisenbahner hier alle Hände voll zu tun haben. Aufnahme vom Mai 1975.

17)

ı früheren Haltepunkt Kleinow – am km 39,4 der Schmalspurstrecke von Kyritz nach Perleberg der Prignitzer Kreiseinbahnen – direkt an der Fernverkehrsstraße 5 gelegen, hält der VT 133 525, ein von der Wismarer Waggonfabrik 1939 ebauter Triebwagen, scherzhaft auch »Schweineschnäuzchen« genannt, der im Jahre 1968 außer Dienst gestellt urde.

KURSBUCHSTRECKEN 900–958

ROSTOCK, OSTSEEKÜSTE, MECKLENBURGISCHE SEENPLATTE

Bahnbetriebswerke: Güstrow, Heringsdorf, Neubrandenburg, Neustrelitz, Pasewalk, Stralsund

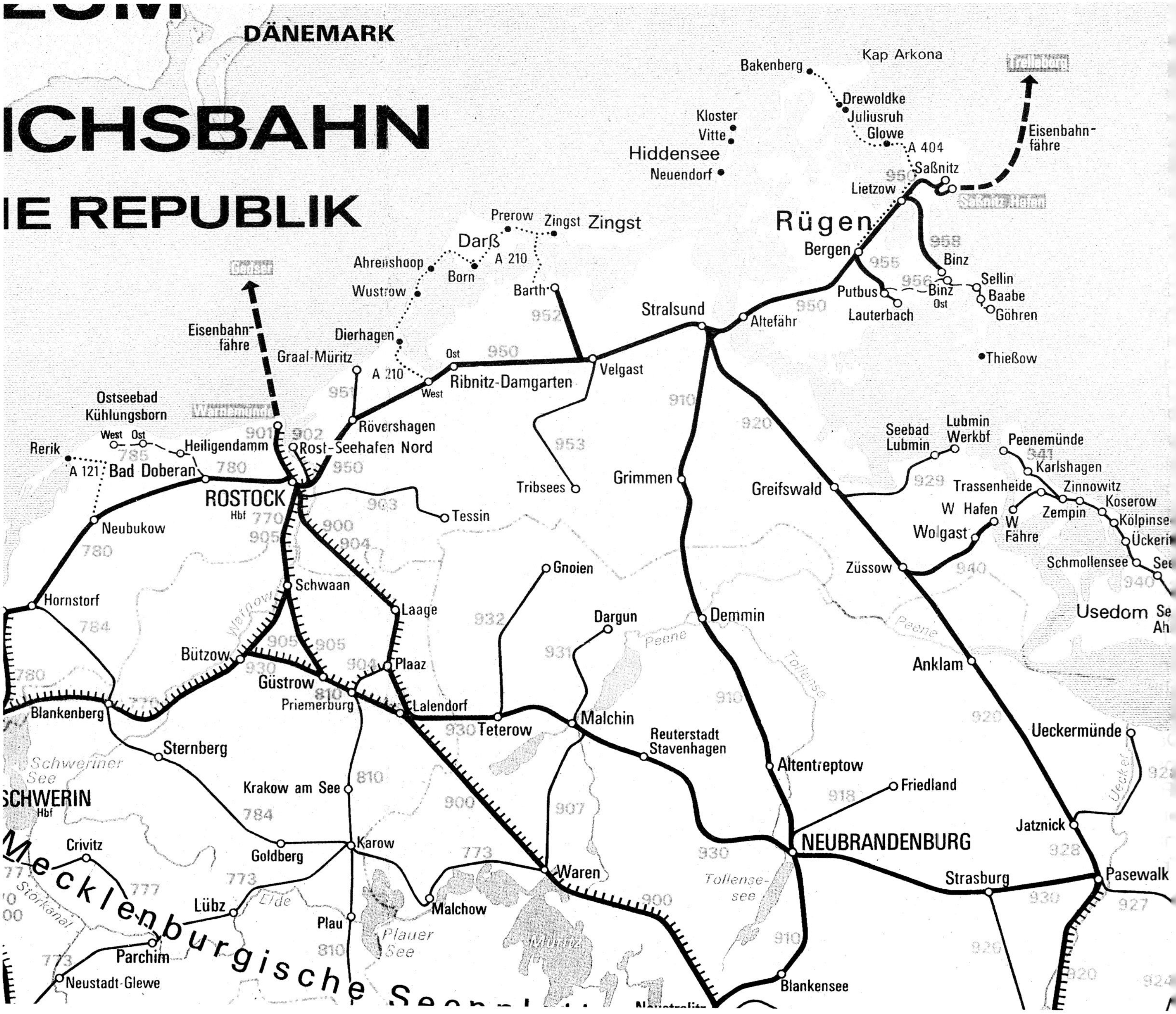

ROSTOCK, OSTSEEKÜSTE, MECKLENBURGISCHE SEENPLATTE

ie Hafenstadt Rostock ist im Norden der DDR der größte Eisenbahnknoten. Das fällt sowohl beim Betrachten einer isenbahn-Streckenkarte als auch bei der Fahrt mit dem Zug nach Rostock nicht auf den ersten Blick auf, weil sich die ahnanlagen auf einer verhältnismäßig großen Fläche ausdehnen. Doch immerhin vereinigen sich im Knoten Rostock Hauptbahnen (aus den Richtungen Stralsund, Berlin, Schwerin und Warnemünde) und 2 Nebenbahnen (aus den ichtungen Wismar und Tessin).

er erste Rostocker Personenbahnhof, der frühere »Friedrich-Franz-Bahnhof«, war für den um die Jahrhundertwende prunghaft angestiegenen Verkehr zu klein geworden, so daß man hier im Jahre 1906 den Personenverkehr wegnahm nd den 1886 dem Verkehr übergebenen Bahnhof der »Lloyd-Bahn« als großen Personenbahnhof ausbaute, der heute och der Rostocker Hauptbahnhof ist. Der ehemalige »Friedrich-Franz-Bahnhof« wurde zum ausschließlichen Güter-ahnhof und existiert noch als solcher. Ein weiterer *Güterbahnhof* ist Rostock-Bramow, der den vielen in Rostock ansäs-igen Industriebtrieben und vor allem dem Fischkombinat dient. Im Zusammenhang mit dem Bau des Seehafens ostock entstand die nur dem Güterverkehr dienende Hafenbahn, deren Anlagen sich über eine Länge von nahezu km erstrecken. Die Gleislänge beträgt etwa 110 km, die Anzahl der Weichen 720. Da etwa 90% aller im Seehafen ostock ankommenden Güter von der Eisenbahn weiterbefördert werden, spielen die Bedienung des Seehafens und ie Arbeit der Hafenbahn eine außerordentliche Rolle im Eisenbahnverkehr des Knotens Rostock.

3 km nördlich der Stadt Rostock liegt Warnemünde mit der Warnow-Werft und dem Fährhafen nach Gedser.

wischen Rostock und Warnemünde entstanden ab 1960 Wohngebiete für nahezu 150 000 Einwohner, so daß es nahe-ag, zur verkehrlichen Erschließung dieser neuen Wohngebiete die Eisenbahn zu nutzen, indem auf der ausgebauten trecke ein Schnellbahn-Verkehr zum S-Bahn-Tarif eingerichtet wurde. In Warnemünde ist an der Mole sehr gut das Ein-nd Auslaufen der Eisenbahn-Fährschiffe zu beobachten.

er Charakter des *Streckennetzes* im mecklenburgischen Binnenland ist durch Weitmaschigkeit gekennzeichnet. Die vichtigsten Städte sind sowohl in Nord-Süd- als auch in Ost-West-Richtung durch Hauptbahnen verbunden, während ie Nebenbahnen dem Zubringer- und Verteilerverkehr dienen. Nachdem die für die Bedienung des Rostocker See-afens wichtige Strecke Berlin – Neustrelitz – Rostock elektrifiziert worden war, ist nun auch die zweite Nord-Süd-Magi-trale zwischen Berlin und Stralsund über Pasewalk und Greifswald auf elektrischen Betrieb umgestellt worden. Die lektrifizierte Strecke führt bis nach Saßnitz und bezieht auch den neuen Fährbahnhof Mukran (Fährlinie nach Klai-eda/UdSSR) ein. Vom Bahnhof Saßnitz Hafen besteht seit dem Jahre 1909 die Eisenbahnfährroute nach Trelleborg/chweden, die auch als »Königslinie« bezeichnet wird.

leben Rostock ist Stralsund, die alte Hafen- und Hansestadt, ein bedeutender Eisenbahnknoten, der gleichsam das Tor« zur Insel Rügen darstellt. Bis zur Inbetriebnahme des Rügendammes im Jahre 1936 bestand zwischen Stralsund nd Altefähr (auf der Insel Rügen) eine Eisenbahn-Fährverbindung. Mit der Zunahme des Fährverkehrs zwischen Saß-itz Hafen und Trelleborg sowie durch die Einrichtung der Fährverbindung Mukran – Klaipeda seit 1986 ist die betrieb-che Belastung des Rügendammes ständig gestiegen.

as besondere Fluidum einer Fahrt auf der Schmalspurbahn bietet sich an der Ostseeküste gleich zweimal: Auf der nsel Rügen verblieb als Reststück des ehemaligen Netzes der Rügenschen Kleinbahnen die Strecke Putbus – Göhren Rügen) in einer Länge von 24,2 km. Sie führt nach dem Verlassen der landwirtschaftlich genutzten Flächen hinter Put-us dann ab Binz durch ein sehr schönes Landschaftsgebiet und nimmt die Bäderkette Binz, Sellin, Baabe, Göhren mit. hre Spurweite beträgt 750 mm; bekannt ist die Bahn unter dem Namen »Rasender Roland«. An die Einrichtung eines raditionsbetriebes ähnlich wie auf den sächsischen Schmalspurstrecken ist gedacht.

Die andere Schmalspurbahn an der Ostseeküste wird als »Molli« bezeichnet. Sie führt von Bad Doberan (bekannt durch sein großes Münster) über das erste deutsche Seebad Heiligendamm entlang der Steilküste an der Ostsee bis zum Bahnhof Ostseebad Kühlungsborn West in einer Länge von 16 km. Auch hier wird ein Traditionsbetrieb vorbereitet, natürlich mit Dampflokomotiven und alten Reisezugwagen. Als einzige Schmalspurbahn in der DDR ist diese in 900 mm Spurweite ausgeführt. Zu empfehlen ist auch eine Fahrt mit der Eisenbahn auf der Insel Usedom.

18)

anorama von Gleisanlagen der Rostocker Hafenbahn mit der Kulisse im Hintergrund: Hafenkrane an den Piers. Den ontainerganzzug befördert die 120 187-0 nach dem Containerbahnhof Berlin Frankfurter Allee. Aufnahme vom Juni 980.

(119)

Pünktlich auf die Minute – Einfahrt für den P 8257 in den Bahnhof Kavelstorf bei Rostock. Die Neubau-Dampflokomotiv der Deutschen Reichsbahn 35 1083-1 gehörte im Jahre 1970, als diese Aufnahme entstand, zum Bahnbetriebswer Rostock.

(120)

Zum Bahnbetriebswerk Rostock Seehafen gehört die 106 951-7, hier vor einem Getreideganzzug, der vom Heber II ▷ an der Pier des Rostocker Hafens beladen wird. Aufgenommen im August 1979.

106 95-7

(121)

Auf ihren »Tausendfüßlern«, den 32achsigen Tiefladewagen, hat die Deutsche Reichsbahn ständig schwere Brocken zu transportieren, ob Transformatoren aus Dresden zum Seehafen Rostock oder – wie auf dem Foto – einen Generatorständer von 450 Tonnen vom Seehafen Rostock ins Kernkraftwerk Lubmin bei Greifswald, hier aufgenommen die schwere Fuhre bei Ausfahrt aus dem Bahnhof Greifswald im Juli 1984.

(122)

D 524 Berlin – Rostock passiert den Tiefwarensee bei Waren (Müritz). Auffallend in der Zuggarnitur der kleine Büffetwagen der MITROPA, der vom Reichsbahnausbesserungswerk Halberstadt hergestellt wird. Aufnahme vom Mai 1986.

VEB VOLKSWERFT
Vorsichtig verschieben!

124)
) 715 Binz – Leipzig passiert die Ziegelgrabenbrücke im Verlaufe des Rügendamms, die als Klappbrücke ausgebildet ist nd den Schiffen die Ein- und Ausfahrt in den Hafen Stralsund aus und in Richtung Osten ermöglicht. Aufnahme vom uni 1988.

123)
◁ Soeben hat der Diensttriebwagen des Präsidenten der Reichsbahndirektion Greifswald, der VT 137 099 (neu: 85 254-0) den Bahnhof Stralsund Rügendamm passiert (rechts im Bild das Empfangsgebäude von 1936) und rollt auf den Rügendamm und weiter Richtung Altefähr. Aufnahme Juni 1969.

(125)

So sah es 1960 im Fährbahnof Saßnitz Hafen aus: Die Tenderlokomotive 74 1180 schiebt die Güterwagen auf das Gleis-deck des DR-Fährschiffes »Saßnitz«. An Land und an Bord wird das Manöver interessiert beobachtet.

(26)

n Fährbahnhof Saßnitz Hafen, Ausgangspunkt der Eisenbahnfährverbindung Saßnitz – Trelleborg, die gemeinsam von er Deutschen Reichsbahn und den Schwedischen Staatsbahnen betrieben wird. Im Fährbett rechts liegt die »Trelleorg« der Schwedischen Staatsbahnen, links im Bild das Fährschiff »Rostock« der Deutschen Reichsbahn. Aufnahme n Juli 1987.

(127)

Zu den Brückenneubauten der Deutschen Reichsbahn nach 1945 zählt auch diese Fachwerkbrücke über die Peene be
Demmin, aufgenommen im Mai 1985.

(128)

Der »Rasende Roland« ist die einzige verbliebene Schmalspurstrecke des einstigen Rügenschen Kleinbahnnetzes. Sie führt von Putbus über 24,2 km nach Göhren (Rügen) in 750 mm Spurweite. Im Bahnhof Binz Ost steht die 99 4802-7 mit dem P 14 124 abfahrbereit in Richtung Putbus. Aufnahme im Juni 1988.

(129)

Allein auf weiter Flur auf der Drehscheibe des Bahnbetriebswerks Angermünde, vor verschlossenen Schuppentoren die 50 3570-4 – das Ende der Dampflokzeit kündigt sich auch hier an.

Bildquellen: Abbildung Seite 33 Foto Spranger, Sammlung Kirsche; Abbildung Seite 112 Foto Zimmer ZBDR, Sammlung Kirsche; Abbildung Seite 132 RBD Halle, Sammlung Kirsche; alle übrigen Fotos: H.-J. Kirsche.

4. 12. 1990
$145,-